最提升人智力的哲学 丰盈千万人生的智慧启示录

最受读者喜爱的哲学故事

刘永谋 编著

光明日报出版社

图书在版编目（CIP）数据

最受读者喜爱的哲学故事 / 刘永谋编著 . ﹣﹣北京：光明日报出版社，2012.1

（2025.4 重印）

ISBN 978-7-5112-1896-4

Ⅰ.①最… Ⅱ.①刘… Ⅲ.①人生哲学—通俗读物 Ⅳ.B821-49

中国国家版本馆 CIP 数据核字 (2011) 第 225313 号

最受读者喜爱的哲学故事

ZUI SHOU DUZHE XIAI DE ZHEXUE GUSHI

编　　著：刘永谋			
责任编辑：李　娟		责任校对：映　熙	
封面设计：玥婷设计		责任印制：曹　净	

出版发行：光明日报出版社

地　　址：北京市西城区永安路 106 号，100050

电　　话：010-63169890（咨询），010-63131930（邮购）

传　　真：010-63131930

网　　址：http://book.gmw.cn

E﹣mail：gmrbcbs@gmw.cn

法律顾问：北京市兰台律师事务所龚柳方律师

印　　刷：三河市嵩川印刷有限公司

装　　订：三河市嵩川印刷有限公司

本书如有破损、缺页、装订错误，请与本社联系调换，电话：010-63131930

开　　本：170mm×240mm		
字　　数：195 千字	印　　张：11	
版　　次：2012 年 1 月第 1 版	印　　次：2025 年 4 月第 4 次印刷	
书　　号：ISBN 978-7-5112-1896-4-02		
定　　价：39.80 元		

前 言

　　哲学是理论化、系统化的世界观和方法论，是关于自然界、社会和人类思维及其发展的最一般规律的学科。多数人都认为哲学是一种宏大、抽象的理论建构，深奥难懂、索然寡味。事实上，哲学不是学院的奢侈品，不是抽象烦琐的教条，更不是漫无边际的高谈阔论。真正的哲学是教人如何思考的学科，它是智慧之学，对我们的工作、学习和生活有着重要的指导作用。

　　这本《最受读者喜爱的哲学故事》，试图通过全新的视角，寻求哲学与现实生活的结合点。全书从哲学与哲学家、世界与辩证法、人生与道德、知识与科学、社会与历史、逻辑与方法和情与爱等七个方面，通过古今中外的哲学故事，把哲学与社会生活的各个方面有机地联系起来，将哲学学习根植于实际生活的土壤之中，避免了理论脱离实际、孤立地学习理论的弊端，让读者在轻松阅读故事的同时明白深奥的哲学原理。通过阅读这些浓缩人生智慧精华的哲学故事，能够使人获得来自心灵的启迪，可以让人拥有有价值的人生智慧，甚至能改变一个人的命运。

　　智慧而有趣的故事，加上编者精心选配的寓意深远的漫画，图文互动，给热爱哲学但又心存敬畏的读者敞开了一扇亲切的大门。本书既是哲学初学者极好的入门读物，也是哲学爱好者很好的参考书，有助于拓展读者的视野与心胸，培养独立思考的能力，树立正确的人生观和价值观，掌握生活哲理，汲取人生智慧，更好地认识社会、生命和人生，从而踏上成功之旅。

目 录

哲学与哲学家

哲学的面孔 ·· 1

《物理学之后》 ·· 3

李尔王 ·· 5

葫芦与臭椿 ·· 7

"半费之讼" ·· 9

转圈的小狗 ·· 11

哲学 ≠ 贫穷 ·· 13

哲学家与猪 ·· 15

黑格尔的比喻 ·· 17

走出洞穴的囚徒 ·· 19

"吾爱吾师，吾更爱真理！" ···························· 21

"我思故我在" ·· 23

标准的哲学家 ·· 26

天才，或者白痴 ·· 28

哲人的市侩 ·· 31

竞技场上的哲人 ············· 34

世界与辩证法

庄周梦蝶 ··························· 35

柏拉图的梦 ······················· 37

芝诺悖论 ··························· 41

"理念的鱼" ······················ 43

"我不是我了" ···················· 45

谷堆和秃头 ······················· 46

田忌赛马 ··························· 47

南美洲的火灾 ···················· 49

对症下药和量体裁衣 ············ 51

杞人该不该忧天? ··············· 52

联系的故事 ······················· 54

石头的存在 ······················· 56

驼背种树 ··························· 58

人生与道德

达尔文的斗犬 ···················· 60

3 个筛子 ··························· 63

自由的乌龟 ······················· 65

木桶中的幸福生活 ··············· 66

亚历山大的心声 ·················· 68

废墟中的双面神 ·················· 70

西西弗斯的救赎 ·················· 72

目 录

做英雄，还是做懦夫？ ……………… 74

苹果的味道 ……………… 76

怪鸟的故事 ……………… 78

悲观与乐观 ……………… 80

天堂与地狱 ……………… 82

水晶大教堂 ……………… 84

休谟的最后一课 ……………… 86

生死问答 ……………… 88

知识与科学

求知的欲望 ……………… 90

苏格拉底"接生" ……………… 92

大圆圈与小圆圈 ……………… 94

布里丹的驴子 ……………… 96

休谟问题 ……………… 98

死错了人 ……………… 100

鱼之乐 ……………… 102

蜘蛛、蚂蚁和蜜蜂 ……………… 103

第谷与开普勒 ……………… 105

海王星的发现 ……………… 106

证实与证伪 ……………… 107

苯环的故事 ……………… 109

布鲁诺的故事 ……………… 111

苍蝇的飞行 ……………… 113

真理的歧路 ……………… 115

社会与历史

"起初……" ···················· 117

苏格拉底之死 ···················· 119

"理想国" ···················· 122

说话的权利 ···················· 124

马寅初与马尔萨斯 ···················· 127

乌托邦 ···················· 129

谁是英雄？ ···················· 132

帝国的灭亡 ···················· 134

孟德斯鸠的"地理环境" ···················· 137

弗罗多与索伦 ···················· 139

逻辑与方法

说谎者悖论 ···················· 142

鳄鱼悖论 ···················· 144

奥卡姆剃刀 ···················· 145

康德的梦 ···················· 148

囚徒困境 ···················· 149

罗素悖论 ···················· 150

渡鸦悖论 ···················· 152

情与爱

独身的理由 ···················· 154

麦穗和杉树 ···················· 156

目　录

结婚与驯马 ·· 158

年轻人，你为什么悲伤？ ······················· 160

爱情的咏叹 ··· 162

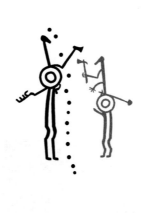

哲学与哲学家

哲学的面孔

作为一个名词，"哲学"的词源是希腊文 philosophia。据说，philosophia 可能是古希腊哲学家赫拉克利特创造的。philosophia 是由两个词根 philos、sophia 组成，philos 是"爱"，sophia 是"智慧"，合起来就是"爱智慧"的意思。按照这个理解，"哲学"意为"追求智慧的学问"。但是，人们对"爱智慧"的深层意思却存在很多不同的理解。

一般人认为，"爱智慧"说明哲学是追求世界和人生的终极真理的学问，也说明了哲学不满足于表面理解，敢于排除所有困难追求真理的品格。

还有哲学家认为，希腊文中的 sophia 是由 sophos 演化而来，sophos 这个词是用来指古希腊的智者学派。在当时，一般人眼中的智者都是一些没有原则的、逞口舌之利、怎么说怎么有理的无赖之徒。所以，philosophia 带有讽刺的味道，也就是说 philosophia 是追求或者自认为追求智慧，而不是真正的智慧。

当代法国哲学家德勒兹对 philosophia 的理解非常怪异。他认为，古希腊文中 philos 指的爱不是泛指的爱或者男女之爱，而是同性之爱。

在古希腊，男人之间的同性恋非常普遍，尤其发生在中年以上男人与很年轻的男孩之间，所以又叫"男童之爱"。这种同性恋往往排斥肉体的欲望，而追求一种精神上的依恋。年长的一方往往在思想、智慧和经验上给年幼的一方以无私的帮助，而无意得到对方的肉体。所以，相比混杂着肉欲的男女之爱，"男童之爱"被希腊人认定为真正的爱情。德勒兹认为，philosophia 就诞生于这个同性之爱中，它往往是年长者吸引男孩的武器。

显然，后两种对 philosophosia 的理解，是哲学家们对哲学的嘲讽。这本身就是非常有趣的现象——要知道，自然科学家、经济学家、医学家都宣称自己的专业是多么神圣、伟大，只有哲学家常常贬低哲学，甚至宣布它毫无用处——从某种意义上，这体现了哲学的基本精神：反思、批判和怀疑。

在中国古代，没有"哲学"这一说法，类似的词有"道"、"道术"、"玄学"、"道学"、"理学"，等等，当然也就没有"哲学家"。那么，"哲学"这个词是怎么进入中文的呢？这首先要归功于 19 世纪的日本启蒙哲学家西周（1829～1897 年）。一开始，西周把英语中"哲学"一词（philosophy）翻译为"西洋性理之学"。日本文化受中国文化的影响很大，西周"西洋性理之学"的翻译实际是套用宋明理学（性理之学）的说法。后来，西周又按照 philosophy"爱智慧"的原意将它译为"希哲学"，即"希求贤哲的学问"，最后又简化成"哲学"。19 世纪末期，中国晚清的学者黄遵宪（1848～1905 年）把这一表述引入中国。渐渐地，中国学术界也就开始用它来表述古今中外的哲学学说了。

《物理学之后》

　　古希腊哲学家亚里士多德是一位百科全书式的天才人物，一生著述宏富，涉及政治、经济、哲学、伦理学、美学、历史、数学、逻辑学以及当时所有的一切自然科学的内容。据说，他的学生亚历山大大帝在征服世界的过程中，总是按照老师的要求帮他收集各地的典籍。

　　亚里士多德死后，他的学生安德罗尼科对其著作进行编纂。安德罗尼科先将有关自然方面的论稿编为《物理学》（Physics），而后将剩下的论稿编在一起，取名叫《物理学之后》（Metaphysics），这些文章讨论的是实体、存在和神等很玄虚的问题。

　　20世纪，《物理学之后》传入中国，被译为《玄学》，意在表明书的内容和中国魏晋时期的玄学有相似之处，都以超感性、非经验的东西为研究对象。后来，严复把它译为《形而上学》，取的是《周易》中"形而上者谓之道，形而下者谓之器"，意思是：在有形体的东西之上的、凭感官不能感知的东西叫作道；有形体的、凭感官可感知的东西叫作器。从此，"形而上学"一词在中国流传开来。

　　亚里士多德之后，哲学进一步发展，研究的问题超出了"形而上学"中提出的那些问题。到了近现代，哲学史上出现了一股反对形而上学的思潮，认为形而上学讨论的是一些无意义的、烦琐的问题，因此哲学家应该抛弃形而上学，而转向其他哲学问题的研究。在这样的背景之下，"形而上学"就带有了某种贬义，"形而上学"作为形容词表达在哲学上是"简单的、古板的、过时的"等意思。后来，"形而上学"还被赋予了"辩证法"对立面的意思。简单地说，辩证法首先是全面地、联系地、发展地看待事物和现象的思维方式，而形而上学是片面地、孤立地、静止地看待事物和现象的思维方式。

　　作为一个术语，"形而上学"的意思随着历史的发展而变化。虽然很多人在反对"形而上学"，但是直到今天，亚里士多德在《物理学之后》中提出的问题并没有被完全抛弃，而是继续被人们探讨着，或者变换一个形式出现在各种哲学论著中。

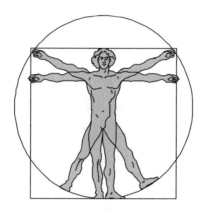

　　形而上学和辩证法都是看问题的方式，只是前者是孤立的、片面的，而后者则是全面的、联系的、发展的。

李尔王

哲学家文德尔班曾经把哲学比喻成李尔王。

李尔王是古代不列颠传说中的国王。当他老了的时候，决定按照自己与3个女儿的感情的深浅，把国土全部分给她们，以此避免自己死后她们之间的纷争。大女儿高纳里尔和二女儿里根口蜜腹剑，赢得父王宠信，分到了国土。小女儿考狄利娅不愿阿谀奉承，她诚挚而简洁的表白得罪了李尔王，从而失去继承权。后来，前来求婚的法兰西国王慧眼识人，娶考狄利娅为皇后。得到国土的两个女儿很快露出冷酷的真面目，使李尔王连栖身之地也没有，只好跑到荒郊野外与野兽为伍。考狄利娅为救父亲，率军队攻入英国，父女得以团圆。但是，战事不利，考狄利娅被杀死，李尔王守着心爱的小女儿的尸体悲痛地死去。

1605年左右，莎士比亚写出了悲剧《李尔王》，从此李尔王的故事传遍天下。1971年，《李尔王》被导演布鲁克搬上了电影银幕。

从人类知识的发展历程来看，今天被称为科学的学科基本上都是从哲学中分化出来的。从哥白尼时代（15世纪）开始，现代自然科学逐渐从自然哲学中分化而来。牛顿提出其力学理论的著作就名为《自然哲学之数学原理》，并且他也是一个著名的神学家。许多大哲学家同时也是科学家，比如笛卡儿是创立了坐标几何的大数学家、康德是提出了有关太阳系诞生的"星云假说"的物理学家、莱布尼兹是创立了微积分的大数学家。18世纪，经济学从道德哲学中分化出来，经济学的创始人亚当·斯密就是道德哲学教授。19世纪下半叶，各门社会科学才从哲学中分化出来，比如社会学、历史学、心理学等。可以说，哲学的确是知识的"孵化器"，或者是"知识之母"。

19世纪末，随着各门经验科学从哲学中分化出去，以往哲学的研究领域被瓜分一空，哲学没有了自己专属研究的领域，成了四处流浪的"李尔王"。文德尔班提出，价值应该成为哲学研究的核心。他之后，又有很多哲学家对哲学的任务提出了新的看法。但是至今为止，对于哲学的任务人们仍是众说纷纭，莫衷一是。哲学似乎什么都研究，又说不上专门研究什么。

哲学与"李尔王"处境的类似之处，还在于其"子女"对哲学的攻击。19世纪末以来，以孔德为先驱的实证主义思潮兴起，人们开始强调知识的客观性、实用性和精确性。哲学知识研究的不是客观事物，哲学不能用数学来表达，因而很不精确，人们也不能从哲学中直接得到好处。所以，很多自然科学家、社会科学家和数学家开始认为哲学不是科学知识，赞成取消哲学学科。在哲学界内部，也有许多哲学家要求改造哲学，取消形而上学，终结哲学。非常有意思的是，每个学科都会说自己如何重要，只有哲学家赞成取消哲学，这也说明了哲学是非常有个性的学科。

实际上，在2000多年的哲学史上，有很多人提出过"哲学危机"的观点，认为哲学走入了死胡同，哲学要完蛋了。可是，每一次哲学都能安然度过危机。也许，只要有人存在，就有哲学。

鸡生蛋？还是蛋生鸡？是其他学科孕育了哲学？还是哲学充当了"知识之母"？

葫芦与臭椿

哲学有什么用处？惠子和庄子关于这个问题有一段对话，被记录在《庄子·逍遥游》中。在这段对话中，惠子把庄子的哲学比做无用的大葫芦与大臭椿。

惠子对庄子说："魏王曾经送给我一种大葫芦的种子，我把它种在地里，长出了非常巨大的葫芦。但是，用大葫芦来储水，它不够坚硬；用大葫芦来做瓢，又没有那么大的水缸。葫芦倒是很大，可是没有什么用，最后我只好把它打碎了。"

"是你不会使用大的东西。"庄子回答道："宋国有个人，世世代代以漂洗为业，家传有治疗冻疮的秘方，可以在冬天防止手不龟裂。有个商人听说以后，愿意出一百两金子买这个秘方。宋国人把全家召集起来商量，他说：'我家世世代代以漂洗为业，所得不过几两金子。现在卖了这个秘方，可以得到一百两金子，我看还是卖了吧。'于是，商人得到了秘方。后来，吴国和越国打仗，到了冬天，由于水战太多，士兵纷纷长了冻疮。商人把秘方献给了吴王，得到了丰厚的封赏。你看，同样是防治冻疮的秘方，有人只能用于漂洗，有人却得到了封赏。你有个巨大的葫芦，为什么没想到把它当作船来用？可见，是你没有开窍啊。"

听了庄子的故事，惠子嘲笑说："有一种大臭椿，虽然长得很粗大，但是弯弯曲曲、枝枝蔓蔓的，不能用做木材，没有什么用处。它长在大路旁，经过的木匠看也不看。你的言论就像大臭椿，大而无用，谁也不会相信。"

庄子没有生气，而是笑了笑说："你看见那些野猫和黄鼠狼了吗？

它们上蹿下跳，善于躲藏起来袭击猎物，但是最后往往中了捕兽的机关，死在猎人的手中。有一种大牦牛，身躯庞大，本领也很大，却连老鼠也抓不着。那棵大臭椿，你觉得它没有用，但是你把它种在旷野中，没有人想砍伐它，没有什么东西会来侵害它。虽然它没有什么用处，但也没有什么祸患啊！"

　　世人都讲功用，有用的东西总是招人喜欢。人们对待知识也是一样，有用的学科总是热门专业。像哲学这样的学科，看不出有什么直接的作用，只好坐冷板凳。哲学就好比大葫芦和大臭椿，虽然无用，却得以长存——只要有人类，就有哲学。实际上，正如庄子所说，哲学不是没用，而是没有直接的用处。

　　哲学并非没有用处，只不过这种用处是隐没的、间接的而已。

"半费之讼"

古希腊哲学家普罗泰哥拉收了个叫埃瓦特尔的学生，并教授他论辩术。两人签订了一份合同，声明学费要在埃瓦特尔学成当上律师，并且在第一次出庭打赢官司以后再交。

埃瓦特尔学成以后，由于种种原因一直未能做辩护律师，把交学费的合同完全忘在了脑后。普罗泰哥拉不得已决定起诉他的学生，并对埃瓦特尔说：

"如果你在这场官司中胜诉了，你就应按照合同交学费；如果你败诉了，就必须按照法院判决交学费。所以，不管胜诉还是败诉，你都要交学费。"

埃瓦特尔想了想回答说：

"老师啊，您错了，不管这场官司如何我都不用交学费。如果我胜诉了，根据法庭判决，我不用交学费；如果我败诉了，那么根据合同我第一次出庭打赢官司以后才交学费，所以我也不用交学费！"

这就是哲学史上著名的"半费之讼"。

到底该不该交学费呢？交学费与否只能用一个标准来判定，要么是法庭的判决，要么是两人签订的合同。问题就出在普罗泰哥拉和他的学生混淆两个不同的标准，都为自己进行诡辩。

普罗泰哥拉是智者学派的代表人物。当时，希腊雅典的民主制度正在衰落，每个公民自行其是，决定国家大计时常常陷入莫衷一是的尴尬境地。公民大会上表达政见的慷慨陈词、陪审法庭上明辨是非的唇枪舌剑变成了争争吵吵、歪曲事实的伎俩，变成了党派斗争的工具。

最终，雅典输掉了和斯巴达的伯罗奔尼撒战争，从此一蹶不振。智者学派的兴起与衰落和雅典的衰落紧密相连。智者学派就以传授演讲术为职业，所以开始深受雅典人的欢迎。但是，从一开始，智者们就注重论辩的技巧，而忽视论辩的内容。后来更是完全不顾事实，一味颠倒黑白、混淆是非、为我所用，堕落成无聊的文字和诡辩。最终，智者成了诡辩家的同义语，在历史上声名狼藉，被认为是雅典衰落的原因之一。

在有些人眼中，哲学就是横说有理、竖说有理、怎么都有理的诡辩。这其实是一种误解。实际上，真正的哲学家是非常痛恨和鄙视诡辩的。柏拉图就把智者们比喻为"批发或者零售灵魂粮食的商人"，亚里士多德则认为"智者的学说是一种貌似哲学而并不是哲学的东西"，"智者的技术就是毫无实在内容的似是而非的智慧，智者就是靠一种似是而非的智慧赚钱的人"。

转圈的小狗

　　19 世纪德国哲学家黑格尔曾经说，哲学的发展不是沿着直线向前发展，而是做圆圈运动，"乃是回复到自身的发展"。黑格尔的这种说法指出了哲学发展的一个重要特征，即哲学的发展或者说进步和其他学科不同，它并不表现为哲学问题被解决；相反，哲学总是在提出新问题，同时又不断地回到老问题，甚至从某种意义上讲，哲学上的新问题只不过是古老哲学问题的新提法或者变种。所以，从问题角度看，哲学就像一只想咬自己尾巴的小狗一样，不停地转圈，却总是咬不到尾巴。

　　迄今为止，古希腊哲学家们讨论过的问题，后继的哲学家们仍然在争论，而没有获得一致的意见。实际上，任何一个哲学问题都没有标准答案。如果有人宣称他的哲学理论是绝对正确的，而其他的哲学理论都是错误的，那么，这个人如果不是幼稚、自大，就是别有用心。

　　具体哲学理论在解释这个问题时总是非常有说服力，而在解释另外的问题上可能就缺乏严密性。如果想从哲学中找到解决所有问题的一劳永逸的办法，那注定是不能的。20 世纪科学哲学家石里克就说："对哲学思想进行历史考察的第一个结果就是，我们确确实实觉得，我们无法对任何一个哲学体系给予任何信任。"但是，任何一种有影响力的哲学理论在某些具体问题上又都是非常有说服力的。所以，哲学理论都是片面的，但同时又是深刻的，全面而深刻的哲学真理至少目前还没有出现。因为片面，所以哲学总是争论不休；而因为深刻，所以哲学总是引人入胜。从某种意义上说，哲学更重要的不是回答问题，而是发现问题，引导人们独立思考。或者说，没有标准答案正是哲学魅力的根源。

当然，哲学没有标准答案，并不代表一个人不能选择自己的哲学立场。事实上，在纷繁芜杂的各种哲学理论中，有志钻研哲学的人肯定要选择一种立场，否则就会陷入疑惑和无所适从。这种立场的选择与个人的经历、教育和信仰等很多因素有关。但是，无论坚持什么哲学立场，都没有权力排斥、压制甚至迫害坚持其他立场的人。

哲学从来没有彻底解决过任何一个哲学问题，那么哲学岂不是原地踏步、毫无进展？不是。虽然古老的问题今天仍然被讨论着，但是提出这些问题的方式、表述这些问题的方式以及解决这些问题的方式都在不断创新。比如，对于"人是什么"的问题。在历史上，哲学家曾经把它表述为"人与野兽有什么不同"、"人性本善还是本恶"、"灵魂和肉体哪一个才是人的本质"，等等。对这个问题的回答就更是不断更新："人是理性的动物"、"人性本善"、"人性本恶"、"人一半是天使一半是野兽"、"人没有先天的善恶"、"人没有统一的本性"……总之，正如艾耶尔指出的：哲学的进步不在于任何古老问题的消失，也不在于那些有冲突的派别中一方或另一方的优势增长，而是在于提出各种问题的方式的变化，以及对解决问题的特点不断增长的一致性程度。

哲学像一只想咬到自己尾巴的小狗，不停地转圈。但是，这并不意味着哲学是原地踏步、毫无进展。

哲学≠贫穷

　　青灯黄卷、粗茶淡饭、皓首穷经、孑然一身、形影相吊……这几乎是世人对哲学家的普遍认识。的确，在实用主义的今天，研究哲学很可能意味着穷困潦倒。但是，"哲学＝贫穷"并不是一条适用于古今中外的定律。

　　古希腊的泰勒斯被认为是哲学家的鼻祖，是西方第一位有文字记载的哲学家，生活于公元前 6 世纪。泰勒斯是个奴隶主，一点也不穷。他是个成功的商人。因为经商的需要，泰勒斯去过很多地方。每到一个地方，除了生意上的事情，泰勒斯也要学习当地的知识，于是成了一个学识渊博的人。晚年，泰勒斯在家乡米利都创办了哲学园，形成了一个学派。他死后，人们在墓碑上刻上这样的赞誉："伟大的泰勒斯躺在这座狭窄的坟墓里；然而他的智慧之名高与天齐！"

　　据说，对于泰勒斯钻研哲学，当时也有人不理解。有一次，泰勒斯观察夜空的星象，结果掉进了水沟，招来了一个老妇人的嘲笑："你怎能指望知道关于天空的所有事情呢？泰勒斯，你甚至看不见就在你脚下的东西！"于是，泰勒斯决定用自己的行动证明哲学的价值。有一年，泰勒斯观察天象，预测到来年会是一个橄榄丰收的季节。那时候，人们主要食用橄榄油。由于大家不知道内情，所以泰勒斯很容易就以很低的价格，早早地租下了当地所有的榨油坊。人们觉得很奇怪，纷纷询问泰勒斯，泰勒斯笑而不答，只说不久大家就会明白。几个月以后，果然橄榄大获丰收，急需榨油坊榨取橄榄油，泰勒斯因此大赚了一笔，但他告诉大家，哲学家想赚取财富是很容易的事情，不过他并不在意财富。

实际上，历史上的哲学家很少有穷困潦倒的，大多过着富足的生活。从某种意义上说，哲学是贵族和有钱人的事业——只有衣食无忧的情形下，才有时间和精力去研究"玄而空"的哲学，否则就去研究怎么赚钱的经济学和管理学，或者研究能获得专利的自然科学——古代的柏拉图、亚里士多德，近代的培根、笛卡儿、休谟，现代的黑格尔、维特根斯坦、罗素……他们或者出身显赫，或者事业成功。古罗马哲学家奥勒留（121～180年）甚至是个皇帝，他在繁忙的公务之余，写下著名的哲学著作《沉思录》。

哲学家与猪

　　皮浪是古希腊怀疑主义的奠基人。他认为，人只能通过感觉来感知事物，而不同的人感觉不同，比如，同样的天气有人觉得冷，有人觉得不冷；所以，感觉是不可靠的，感觉到的事物是不真实的。于是，皮浪怀疑一切，认为最好保持沉默，毫不动摇地坚持不发表任何意见，对一切都不作判断。有人指责皮浪的怀疑哲学什么也告诉不了别人，皮浪并不懊恼，他回答说："我不能告诉别人我并不知道的东西。"

　　皮浪还认为，真理只有一个：心灵的平静——不相信任何事物，不作任何判断，把外在环境看作与自己毫不相干，保持心灵的宁静，不受任何干扰，那才是真正的哲人。

　　据说，皮浪对自己的哲学信念言行一致。在现实生活中，皮浪是个对他人、对自己都非常冷漠迟钝的人，心中无事，因而长寿——他活了90多岁。有趣的是，这样的人居然赢得了人们的尊敬，大家甚至通过了一条哲学家免税的法令。

　　关于皮浪的"心灵的宁静"，有两个著名的轶事。

　　一是皮浪连老师也不救的故事。一次，他和他的老师一起出门，碰到一个泥坑，皮浪没有提醒老师，自己绕了过去。老师掉进了泥坑，皮浪拉也不拉一下，扬长而去。大家知道了这事以后，纷纷谴责皮浪的冷漠。相反，他老师却很赞赏皮浪，说他真正做到了不动心。

　　还有一则故事是说皮浪把哲学家比喻成猪。据说，皮浪坐船出海，遇上了暴风雨，船随时可能沉没。同船的人都惊慌失措，船上只有皮浪和一头猪若无其事。那头猪不管什么风浪，仍然安安稳稳地在那里继续吃东西。风浪过后，皮浪指着那头猪对人们说："猪在这种情况下是多么平静啊！哲人就应该像猪一样保持心境平和，不受干扰，面对风浪毫不动心。"

　　然而，哲学家不是出家人，历史上能真正将皮浪的信念付诸行动的哲学家凤毛麟角，大多数哲学家都没能做到超凡脱俗，不问世事。尤其到了现代，越来越多的哲学家强调哲学应该关心现实生活，哲学家应该参与到社会实际进程中去。

心中自有天地

黑格尔的比喻

为了描绘哲学的意蕴，黑格尔曾经做过许多生动形象而又耐人寻味的比喻。仔细品味和思考这些比喻，能够让我们体会到哲学独特的精神。

哲学是庙里的神。

《陋室铭》中说：山不在高，有仙则名；水不在深，有龙则灵。"庙"之所以是庙，是因为庙中有被人供奉的神。如果庙里无神，那就不能称其为"庙"了。黑格尔说，一个有文化的民族，如果没有哲学，"就像一座庙，其他方面都装饰得富丽堂皇，却没有至圣的神那样"。哲学像普照大地的阳光一样，照亮了人类的生活。如果失去哲学，人类的生活就会变得黯然失色。

哲学是厮杀的战场。

从哲学史来看，哲学家们总是相互讨伐，后来的哲学家总是对前面的哲学家的理论进行颠覆，并在批判中提出自己的新理论。哲学就是在批判中前进的。所以，"全部哲学史就这样成了一个战场，堆满死人的骨骼。它是一个死人的王国，这王国不仅充满着肉体死亡了的个人，而且充满着已经推翻了的、精神上死亡了的系统。在这里面，每一个杀死另一个，并且埋葬了另一个"。哲学是时代精神的集中体现，时代在发展，旧哲学不能表达新时代的精神，必然被新哲学所取代。

哲学是密涅瓦的猫头鹰。

密涅瓦是希腊神话中智慧女神雅典娜的另一个名字，栖落在她身边的猫头鹰是智慧、思想和理性的象征。在黑格尔看来，哲学就像密涅瓦的猫头鹰一样，它不是在旭日东升的时候在蓝天里翱翔，而是在薄暮降临的时候才悄然起飞。哲学是对既往思想的反思，因此它总是来得很晚。并且，哲学是深沉的，它自甘寂寞，悄然逼近智慧的深处。

哲学是老人的格言。

黑格尔认为，同一句格言，从一个饱经风霜的老人嘴里说出来，与从一个未谙世事的孩子嘴里说出来，含义是完全不一样的。"老人讲的那些宗教真理，虽然小孩子也会讲，可是对老人来说，这些宗教真理包含着他全部生活的意义。即使小孩子也懂宗教的内容，可是对他来说，在这个宗教真理之外，还存在着全部生活和整个世界。"哲学不是现成的知识，不是僵死的概念，不是刻板的教条，学习哲学不能"短训"，不能"突击"，更不能"速成"。哲学是一个熏陶的过程，体验的过程，是需要不断反刍的终身事业。

学哲学不能像动物听音乐。

哲学不是现成的知识，记几个哲学概念，然后机械地套用，貌似很"哲学"，实际上却始终不知道哲学为何物，永远也不可能走进哲学殿堂。"就像某些动物，它们听见了音乐中一切的音调，但这些音调的一致性与和谐性，却没有透过它们的头脑。"不幸的是，当今社会上很多人对哲学的理解和运用，正是黑格尔挖苦的对象，不过是鹦鹉学舌，或者是小和尚念经——有口无心。

走出洞穴的囚徒

在《理想国》中，柏拉图写下过一个意味深长的故事，来说明哲学与哲学家工作的意义。

有一群人，世世代代住在一个洞穴中。从出生起，他们就像囚犯一样，被铁链锁在固定的地方，甚至连脖子也被套住，不能转动，更不能回头，只能直视前方。在他们身后，有一堆篝火，在火与囚犯之间有一堵矮墙，墙后有人举着各种各样的雕像走过，火光将雕像的影子投射到囚犯对面的洞壁上。就这样，这些囚犯的一生都犹如在看皮影戏，他们不能相互观望，不知道自己的模样，也不能回头看这些影像是如何形成的。于是，他们都以为眼前晃动的影子就是真实的事物，并用不同的名字称呼它们。

囚徒们早已习惯了这样的生活，并没有感到命运的悲惨，也没有想过挣脱束缚他们的锁链。然而，有一天，一个囚犯偶然挣脱了锁链，他移动脚步，回过头来，生平第一次直接看到了炫目的火光，这使他感到刺眼，看不清原先已经习以为常的影子。

过了一段时间以后，他的眼睛逐渐适应了火光，终于能分清影子和雕像，明白了雕像比影子更真实，于是，他不顾眼睛的难受，朝火光走去，走到了洞口，被人一把从陡峭的洞口拉出洞外。

当他第一次看到阳光下真实的事物时，再次感到眼花缭乱，比先前见到火光时更为痛苦。所以，他只能一步一步适应洞外的生活，先看阳光下的阴影，再看水中事物的倒影，再抬头看天上的星星和月亮。最后，他终于能直视太阳，才明白太阳是岁月和季节变化的原因，主宰着世间的万事万物。

柏拉图用洞穴中的囚徒来比喻世人把表象当作真实，把谬误当作真理。哲学家就是那些挣脱束缚走到洞外的囚犯，虽然解放的历程要付出极大的代价和痛苦，但毕竟看到了真实的世界，而不是一辈子活在黑暗当中。

然而，解放的囚徒并没有得到一个好归宿。这个走出洞外的囚犯，回想起往事，在庆幸的同时，开始怜悯他的同伴。这些囚徒中最有智慧的，也不过是善于捕捉倏忽即逝的影子，善于记住影子的形状，善于推测即将出现的影子而已，所以仍然只是一个可怜虫。知道事物真相的人不会再留恋洞穴中的荣誉和奖赏，再也不愿回到洞中做囚犯。

为了解救他的同伴，走出洞穴的囚犯还是义无反顾地回到了洞穴里。可是，他从光明的地方重返黑暗的地方，已不能适应那里的生活。别人因为他看不清影子而嘲笑他，说他在外面弄坏了眼睛。没有人相信他在洞外看到的东西，他不得不到处和他们争论幻觉与真理、偶像和原型的区别，却因此激起了众怒，大家恨不得把他处死。

柏拉图说，虽然走出洞外的囚犯没能成功地帮助自己的同伴，但毕竟他走出过洞穴，看到过真实，经历过真正的幸福，他是值得称赞的，他的失败是因为光明不能适应黑暗。相反，他的同伴是可悲的，他们没能走出黑暗获得解放。

按照柏拉图的故事，哲学家的兴趣在于追求真理，除此之外，没有世俗的兴趣和利益，包括参与政治的兴趣。这种说法未免有些清高，事实上，追求世俗享受的哲学家不在少数，培根甚至因为贪污被审判。就是柏拉图自己，也几次三番想参与政治，不过以失败告终，最后不得不专心办学。但是，柏拉图的故事也的确指出了哲学与哲学家最重要的精神，即批判精神和求真精神。所谓批判精神，是指哲学不会对惯常的说法、权威和传统屈服，而是敢于置疑一切，批判一切。所谓求真精神，是指哲学不会满足于停留在事物表面，而是要穿透表象，挖掘事物的本质和规律。

"吾爱吾师，吾更爱真理！"

人们常常说，科学是追求真理的事业。其实，哲学更是追求真理的事业。在哲学面前，并没有谁是绝对的权威，并没有谁的理论是真理的专卖店，每个人只要有理有据，就可以否定任何人的观点。勇于坚持真理，敢于否定权威，善于突破传统，是哲学的座右铭之一。亚里士多德就是坚持这种哲学精神的哲学家典范。

亚里士多德是柏拉图的得意门生。从 17 岁开始，亚里士多德就进入柏拉图学园，追随老师达 20 年之久。亚里士多德对老师十分崇敬，柏拉图也十分欣赏这位高足，两人保持着一种亦师亦友的关系。亚里士多德甚至写过一首诗，来专门表达对柏拉图的敬意——

在众人之中，他是唯一的，也是最纯洁的。

……这样的人啊，如今已无处寻觅！

但是，在哲学上，亚里士多德并不唯老师马首是瞻，一味盲目接受柏拉图的理论，而是独立思索，勇敢地表达和老师的不同意见，常常批评老师的错误和缺点，最后甚至和柏拉图发生了严重的分歧。于是，有些人就指责亚里士多德背叛了老师，亚里士多德说："吾爱吾师，吾更爱真理！"——这是一句至今仍然常常被引用的格言，是哲学家追求真理最著名的誓言。

柏拉图理论的核心是"理念论"，而亚里士多德与此针锋相对，提出了"实体说"，反对"理念论"。柏拉图认为，我们感觉所见的世界并不是真实的世界，感觉世界之后有一个永恒不变的理念世界，感觉世界是理念世界的摹本和影子；要认识世界，就要认识事物的理念。亚里士多德认为，柏拉图的理念论，不但不能解决问题，反而使问题变得更复杂。他认为，感觉所见的具体世界才是真实的；在日常看到的人和马之外，还要假定另外存在一个比人和马更真实的人和马的"理念"，是毫无用处的。

　　除了"实体说"，亚里士多德与柏拉图思想分歧的地方还很多。不管哲学的歧见有多少，柏拉图仍对亚里士多德喜爱无比，称他为"学园之灵"，这也说明了柏拉图对独立思考的哲学求真精神的认同。柏拉图死后，亚里士多德悲痛万分，却也声称智慧不会随着柏拉图一起死亡。

在我们所见的世界背后，真有一个永恒不变的理念世界吗？

"我思故我在"

人们常常用"抽象"、"高深",甚至"玄虚"、"神秘"来形容哲学,其实这是一种误解。哲学上有一句话:熟知非真知。哲学家们不过是在人人都司空见惯、习以为常的地方,去发现问题,反思问题。比如说,人们常说狼很凶残,因为狼吃羊,而哲学家就会想:人也吃羊,为什么不说人很凶残呢? 于是,哲学家就会发现判断凶残的标准在人和狼身上不一致,人是以自己为中心来理解世界的。总之,哲学智慧是每个健全的普通人都具有的能力,哲学问题是与每个人都有关的问题,哲学是人人都可以从事的事业。

但是,并不是每个人都能成为哲学家,因为从平常处发现问题不是一件容易的事情,这需要万分敏锐的心灵和追根究底的怀疑精神——这正是哲学精神的精髓之一。笛卡儿的名言"我思故我在"今天几乎无人不知,甚至被改成"我运动,故我在"、"我酷,故我在"之类的广告语,这句名言就是哲学怀疑精神最好的体现。

1596 年,笛卡儿生于法国西北部,父亲是法官,母亲在生他之后不久便离开了人世。少年时,笛卡儿被送到拉弗莱公学接受传统教育,但他对数学和自然科学产生了兴趣,因此转入普瓦捷大学学习法学和医学。

1618 年,笛卡儿参加了荷兰的雇佣军。他随军到过德国许多地方,在做文职工作之余从事学术研究。1622 年,笛卡儿离开军队,在欧洲各国游历,研究"世界这本大书",结识了许多著名的学者。

1628 年,笛卡儿定居在当时的欧洲文化中心、先进的资本主义国家荷兰,在那里度过了相对宁静的 20 年时光。期间,笛卡儿几乎闭门谢客，专心研究。虽然笛卡儿几乎没有正式出版任何作品，但笛卡儿的思想仍然受到攻击，他被指责为无神论者，"亵渎神明"。

1649 年，笛卡儿应瑞典女王克里斯蒂娜的邀请，赴斯德哥尔摩宫廷讲学。女王要求笛卡儿必须早上 5 点就去和她讨论哲学问题，这改变了笛卡儿以往中午才开始工作的习惯。北欧的寒冷天气损害了哲学家的健康。笛卡儿曾感叹，瑞典是个"熊的国家，处于岩石和冰块之间"。1650 年，笛卡儿还没有来得及离开瑞典就匆匆离世，终年 54 岁。

"我思故我在"是笛卡儿哲学的第一原理。在《第一哲学沉思录》中，笛卡儿声称要为人类知识找到最可靠的"阿基米德点"。阿基米德是古希腊数学家、科学家，他曾经说："给我一个支点，我可以撬动地球。"所以，后世用"阿基米德点"来比喻某种核心的、坚实的基础。

笛卡儿立下了目标之后，就开始寻找这个支点。笛卡儿的方法就是怀疑一切。什么才是可靠的、真实的？眼前的世界吗？不是，闭上眼睛，世界从眼前消失了。一棵树，我看到它的时候它是真实的，我走后它还是真实的吗？我们对事物的感觉难道不是某种幻觉？我是真实的吗？先看我的身体，身体是真实的吗？不知道，我做梦的时候身体在哪里？有精神病人认为自己是一条狗，或者自己没有手脚，这能说明他就是这样的吗？再看人的意识，我的思想是真实的吗？我怎么证明呢？上帝是绝对真实的吗？……就这样，一步一步地，笛卡儿最终找到了他认为绝对可靠无误的"阿基米德点"，即"我思故我在"。

笛卡儿说："我可以怀疑一切，但有一件事情却是无法怀疑的，那就是这样一个事实：我在怀疑。"怀疑是一种思想活动，因此这个思想着、怀疑着的"我"是存在的。如果一个东西思想着，却否定他的存在，这显然是荒谬的。因此，我思想，故我存在。

进一步，笛卡儿认为，"我"不是物质性的东西，而是思想性的东西，即"我"只是一个在思想的东西，也就是说，"我"只是一个心灵，一个理智或一个理性。

　　"我"究竟是什么呢？一个会思想的东西。什么是一个会思想的东西？就是一个怀疑、理解、肯定、否定、愿意、不愿意、想象和感觉的东西。也就是说，"我"不是身心结合的有形体，而是能离开身体独立存在的精神实体。纵然身体不存在，心灵仍然是心灵。

　　在"我思故我在"的第一原理基础之上，笛卡儿论证了灵魂、上帝、认识、知识等诸多问题，从而建立了他整个的哲学体系。笛卡儿的"我思故我在"是典型的唯心主义命题，受到了后来许多哲学家的批判。但是，"我思故我在"敢于怀疑一切，把握了哲学的真谛。从"我思故我在"开始，笛卡儿哲学将哲学主要的注意力从"世界是什么"的问题转到"人是如何认识"的问题，开创了哲学的新时代。笛卡儿被公认为第一位现代哲学家。

我思故我在。

标准的哲学家

大多数人都认为，真正的哲学家都非常严肃甚至生硬，还有一些不懂世故、不解风情的学究气，常常让人敬而远之，甚至会招致人们背后的嘲笑。世人理解哲学家的这种标准，正好可以用在康德身上。

1724 年，康德出生于东普鲁士哥尼斯堡（今天的俄罗斯加里宁格勒）一个制作马鞍的手工艺家庭。1740 年，康德进入哥尼斯堡大学哲学系学习，毕业后在一个贵族家庭担任了 9 年家庭教师。1755 年，康德担任了哥尼斯堡大学讲师，后被提升为教授、校长，一直在哥尼斯堡大学任教，于 1797 年退休。

康德是一个非常守时的人，日常生活安排十分有规律，就像时钟一样准确。据说，无论冬夏，5 点差一刻，他的仆人兰帕会准时来到康德床边，看到主人起床后才离开。如果康德没有醒来，兰帕就会叫醒他——这是康德给兰帕规定的任务之一。

起床后，喝一杯茶，吸一袋烟，康德就外出讲学，或者开始哲学思考和创作。午餐是康德一天中最热闹和开心的时光，他不愿意一个人单独用餐，总是和朋友们边吃边聊。

下午 3 点，康德按时出门散步，散布的路线是固定的，被他称为"哲学大道"（可能是因为康德的许多哲学思想都是在这条路上产生的）。大家只要看到康德出门散步，就知道是下午 3 点了，有人甚至把家里的钟对一对时间。

康德和哥尼斯堡一位英国商人约瑟夫·格林十分要好。到了晚年，康德每天下午都要去格林家拜访。7 点钟，康德会准时从他家出来。如果没有看到康德从格林家出来，街坊们就知道还没有到 7 点。

康德长相不难看，谈吐风趣幽默，年轻时很受年轻女士青睐。但是，年轻的康德一直暗恋着凯塞林克伯爵夫人，而他是这位夫人儿子的家庭教师。这位中年丧偶的伯爵夫人端庄美丽，气质高贵。康德每天都到凯塞林克伯爵夫人家去上课，这样就能看一眼他的梦中情人。但是，一个伯爵夫人怎么可能下嫁一个平民？凯塞林克伯爵夫人嫁给了另一个贵族后，康德不得不悲伤地辞去了家庭教师的工作。之后，康德就没有与任何女性有过密切接触。对此，康德曾经自嘲地说："未婚的老年男人往往比已婚的男人更能保持年轻的风貌。已婚男人那饱经风霜的脸上，画着的不是一只负重的老牛吗？"

康德的一生都是哥尼斯堡小城的一道风景，康德的哲学让世界记住了哥尼斯堡，哥尼斯堡人以康德为荣。德国诗人海涅评价道："德国被康德引入了哲学的道路，因而哲学变成了一份民族的事业。一群出色的大思想家突然出现在德国的国土上，就像用魔法呼唤出来的一样。"的确，康德开创了德国古典哲学，发动了哲学上的"哥白尼革命"，是任何哲学史都不能不提及的伟大哲学天才。

1804 年，康德与世长辞。消息传出，哥尼斯堡人排队来给康德送行。直到今天，康德墓前的鲜花仍是终年不断，因为哥尼斯堡有一个风俗，年轻人结婚时都要带上一束花放在康德墓前。

天才，或者白痴

哲学面向的是全新的未知领域，所做的是基础性的奠基性工作，常常没有任何现成的知识可资借鉴，因此要在哲学上取得成就需要极大的创造力。成为一个哲学家，就是尽力发挥这种创造力。反过来，创造力不仅影响哲学家的学问，在很多时候也会影响他的生活。于是，很多哲学家都很有创造性，换句话说，就是和一般人不一样。按照中国的老话说，非常人有非常"体"，也有非常"行"。20世纪英国哲学家维特根斯坦就是一位"非常人"，体现了哲学家生活方式非同一般的风范。

1889年，维特根斯坦出生于奥地利的一个犹太家庭，后来加入了英国籍。维特根斯坦的父亲是欧洲著名的工业家和亿万富豪，他想把儿子培养成工程师，所以把维特根斯坦送到英国学习航空工程。在学习数学的过程中，维特根斯坦研究了数学基础问题，阅读了当时英国哲学家罗素的《数学的原理》，从而激起了学习哲学和逻辑的兴趣。1911年，维特根斯坦来到剑桥大学跟随罗素学习逻辑，受到罗素的赏识并被其视为理想的接班人。

据说，有一天维特根斯坦问罗素："你看我是不是一个十足的白痴？如果我是，我就去当一个飞艇驾驶员，但如果我不是，我将成为一个哲学家。"于是，罗素要他写一篇论文，只要写他感兴趣的题目就行。不久，维特根斯坦把论文拿来了。读了第一句，罗素就相信维特根斯坦是个天才，劝他无论如何不要去开飞艇。维特根斯坦的另一个老师摩尔也非常欣赏维特根斯坦，因为摩尔上课时维特根斯坦看上去很困惑，而其他人却好像很明白。

后来，维特根斯坦在剑桥大学博士论文答辩时，主持人是罗素和摩尔。罗素问他："你一会说关于哲学没有什么可说的，一会又说能够找到绝对真理，这不是矛盾的吗？"维特根斯坦拍着他们的肩膀说："别急，你们永远也搞不懂这一点的。"答辩就这样结束了，罗素和摩尔一致同意通过答辩。

在哲学上，维特根斯坦无疑是一个天才。有人曾经说过，一个伟大哲学家的标志就是他的出现能为哲学指明全新的方向，而这样的事情维特根斯坦做了两次。1919 年，他的《逻辑哲学论》出版，在哲学界引起轰动，极大地推动了现代哲学从认识论向语言哲学的"语言学转向"。维特根斯坦以为《逻辑哲学论》已经解决了所有的哲学问题，因此退隐到奥地利南部的山村，做了小学老师。后来，他逐渐对《逻辑哲学论》中的观点产生了怀疑。1929 年，维特根斯坦重返剑桥，后来接替摩尔成为哲学教授。1953 年，维特根斯坦的遗作《哲学研究》被编辑出版，这本书对《逻辑哲学论》中的观点做了非常大的修正，直接影响了日常语言学派的兴起。

维特根斯坦多才多艺，一生从事过很多职业，包括士兵、机师、建筑师、小学老师、大学教授等。10 岁时，维特根斯坦就自己做了一台缝纫机，后来又造过飞机的发动机，还为姐姐设计过楼房。此外，他的单簧管演奏非常专业。

维特根斯坦的父亲是亿万富翁，积累的财富在欧洲曾经是数一数二的。维特根斯坦却认为这么多财富是祸根，把继承的遗产全部送给了别人，而自己过着很简朴的生活，衣着随便，不拘小节。做小学教师时，维特根斯坦不仅敬业尽职，而且对学生们满怀爱心。他讲课常常运用很多有趣的实例，激发了孩子们的学习热情。他还带着学生们组装蒸汽机，甚至自己花钱带他们参观、旅行。维特根斯坦一生未婚，却提出收养一个自己的小学生，可是被那个孩子的父亲拒绝了。

维特根斯坦的脾气不是很好。有时，他的粗暴态度确实让人非常难堪。有一次，维特根斯坦主持欢迎哲学家波普尔的报告会，当听到波普尔对道德问题的观点时，维特根斯坦打断了波普尔的发言，说哲学问题不是他想得那么简单。波普尔也是 20 世纪最著名的哲学奇才之一，他听了维特根斯坦的攻击，反驳说他演讲中用的是维特根斯坦及其学生写的东西做例子。维特根斯坦听后大发雷霆，高举拐杖质问波普尔：“那么，你给我举一个关于人们公认的道德规范的例子！”

波普尔毫不示弱地回答道：“比如，不要用拐杖威胁一位做客的演讲者！”

维特根斯坦听后摔门而去，被罗素拉了回来。

当时，英国学术界很少有人不怕维特根斯坦，只有罗素、摩尔等少数人才敢和他争论，被邀请到剑桥的知名学者几乎都领教过维特根斯坦的臭脾气。维特根斯坦最后还是辞去了剑桥的教授职位，理由是“不堪忍受教授的生活”。此后，他在爱尔兰乡间继续从事研究工作，基本上过着一种隐居生活。

有人说维特根斯坦是个圣人，也有人说他是个疯子，还有人说他是白痴，更多的人说他是天才。无论如何，很难再找出第二个像维特根斯坦那样的人。1951 年，维特根斯坦因癌症在剑桥大学逝世。

哲人的市侩

在哲学史上，不仅有勇于追求真理的哲人、严于律己的哲人、摒弃物欲的哲人，同样也有讲求享乐的哲人。古希腊的阿里斯提波（约公元前 435～前 350 年）就是这样一个人，他的身上充满了市侩气息。

阿里斯提波是苏格拉底的学生，是古希腊居勒尼学派的创始人和主要代表。当时，苏格拉底盛名远播，阿里斯提波被吸引到雅典。后来，阿里斯提波创立了享乐主义哲学，主张一个人享受物质的同时做到不被物质支配，即"我役物，而不役于物。"

为了追求物质享受，阿里斯提波投靠了雅典的僭主狄奥尼修，每日游走宫廷，讨好达官显贵。由于他善于逢场作戏，见风使舵，无论什么场合、时间和人物都应付得八面玲珑，因此深得狄奥尼修的欢心。他们之间有很多有趣的逸事。

——狄奥尼修想嘲弄一下阿里斯提波，就故意问他："为什么哲学家会去富人家里，而富人从不拜访哲学家呢？"

阿里斯提波回答道："智者知道他需要什么，而富人不知道他需要什么。"

——狄奥尼修问阿里斯提波："你为什么离开了苏格拉底来投靠我？"

阿里斯提波说："我需要智慧时，就去苏格拉底那里。现在我需要钱财，就来你这儿。你看，我是用自己有的东西换没有的东西。"

——阿里斯提波向狄奥尼修要钱，狄奥尼修拒绝了他："不，因为你告诉我，智慧之人从来不缺钱。"

阿里斯提波说："给吧！给吧！然后再让我们来讨论智慧与金钱的问题。"

当狄奥尼修把钱给了他之后，阿里斯提波说："现在你看到了，你没有发现我缺钱吧，是不是？"

——有一次阿里斯提波惹恼了狄奥尼修，狄奥尼修大发雷霆，把他绑在长桌的尾端，阿里斯提波于是说："你一定原本希望把荣誉给予最末端。"

——狄奥尼修的仆人西姆斯是个阿谀奉承、欺上瞒下、仗势欺人的无赖小人。一次西姆斯带阿里斯提波看一幢豪宅。中间，阿里斯提波把一口咳出的浓痰吐在了西姆斯脸上，西姆斯非常愤怒，阿里斯提波解释说："我找不到任何更合适的地方吐。"

——有一次，阿里斯提波到狄奥尼修那里请求为自己的朋友办一件事，狄奥尼修没有答应，于是，阿里斯提波便跪在狄奥尼修脚下恳求。事情虽然办成了，但周围的人却在嘲笑他，他回答说："这不是我的错，而是狄奥尼修的不对，因为他的耳朵长到了脚上。"

——狄奥尼修让阿里斯提波从3个妓女中挑选1个，他却全部都要了，还说："有人因为三挑一付出了昂贵代价，所以我全都要了。"可是，他和妓女们走到门廊时，又放她们走了。

阿里斯提波不仅讨好权贵，还喜欢狎妓，所以狄奥尼修才给他送妓女。有人曾经当面指责阿里斯提波，他却理直气壮地反问道："怎么啦，住一间以前很多人住过的房子，和住一间从来没有人住过的房子，这两者有什么区别吗？"还有一次，有个年轻人和他一起去妓院，小伙子脸红了，阿里斯提波开导他说："危险的并不是走进来，而是走不出去。"

在阿里斯提波看来，学习哲学的目的是为了在任何社会中都过得很舒适。的确，他做到了这一点。但是，即使是在当时，阿里斯提波的哲学和为人也受到了人们的讥讽。有一次，第欧根尼洗菜的时候看到了阿里斯提波，就对他说："如果你学会了以这个为食的话，你就用不着拍国王马屁了。"阿里斯提波则反唇相讥："如果你知道怎样跟别人打交道的话，你就用不着洗菜了。"

哲学家不是圣徒，更不是装模作样的卫道士，而是活生生的凡人，人的优点和缺点在哲学家身上一样会表现出来，只不过会因为其哲学信念而在某一方面表现得更加夸张而已。阿里斯提波就是人屈服于欲望的极端例子。

在阿里斯提波看来，完全服从于物欲并满足了所有的物质要求，就能够控制欲望。实际上，人的欲望是不可能完全满足的，所以人不能回避对物欲的渴求，更不能被欲望所压倒。

人的欲望是无穷的，永远都不可能得到满足。

竞技场上的哲人

有一次，在与人谈到人生的时候，古希腊哲学家毕达哥拉斯说："人生有如一场奥林匹亚竞技，在这里，有一种人在参加竞赛，赢得光荣；有一种人在做生意获取财富；而第三种人只在观看，他们就是哲人。"

毕达哥拉斯眼中的哲人也是非常尴尬的。首先，哲人们也在人生的竞技场上，而不是像出家人一样退出。但是，哲人们又不能全心全意地参与到竞争当中，更多的时候是像个局外人一样冷静地观察这个世界。

中国古代，士人们常常在出世和入世之间犹豫。一方面，他们希望摆脱世俗的羁绊，清泉趣石，归隐山林。另一方面，他们又希望通过科举跻身仕途，光宗耀祖，为民造福。后来，有人提出"内圣外王"模式，也就是说，在心灵上超脱，在现实中进取。当然，这种理想模式并不那么容易实现，常常会导致人在出世和入世的选择中不知所措。从某种意义上说，中国古代士人的尴尬处境和哲学家有类似之处。

毕达哥拉斯的说法还告诉我们：作为世界的观察者，哲人需要保持初生婴孩般的敏感。在他人看来习以为常的东西，哲人看来都是需要观察和研究的，是值得惊叹的。人们常常说哲人像个小孩，就是从敏感性上说的。古希腊哲学家德谟克利特常常坐在石阶上观察蚂蚁和牧羊犬，有人问他为什么对禽兽有那么大的兴致，他说："禽兽身上也有许多值得琢磨的东西！所有的人都是禽兽的学生，我们从蜘蛛的身上学会了纺织，从燕子的身上学会了建筑，从百灵鸟那里学会了歌吟。"

世界与辩证法

庄周梦蝶

《庄子·齐物论》中讲述了一个国人耳熟能详的故事——"庄周梦蝶"。

昔者庄周梦为蝴蝶，栩栩然蝴蝶也。自喻适志与！不知周也。俄然觉，则蘧蘧然周也。不知周之梦为蝴蝶与，蝴蝶之梦为周与？周与蝴蝶，则必有分矣。此之谓物化。

翻译成现代汉语，大意是这样的：从前，庄周梦见自己变成了一只翩翩起舞的蝴蝶。蝴蝶觉得非常快乐，悠然自得不知道自己是庄周。过了一会，梦醒了，突然发现自己是僵卧在床的庄周。不知是庄周做梦变成了蝴蝶呢，还是蝴蝶做梦变成了庄周？庄周与蝴蝶必然不同，这就叫作"物化"。

庄子叙述庄周梦蝶的故事，原意是想说，形而下的万事万物尽管千变万化，但都是"道"的物化而已。庄周也罢，蝴蝶也罢，本质上都只是虚无的道，是没有什么区别的——庄子所指的"齐物"就是这个意思。

从哲学上看，庄周梦蝶的故事提出了一个重要的问题：真实的世界究竟是什么样子的？人生如梦，谁也不能保证眼前的一切不是幻觉。也许，以为自己是人的庄周死后，发现自己真的是一只蝴蝶——这也不是没有可能。所以，追问眼前的世界是否真实，真实的世界究竟是什么，并不是一件完全没有意义的无聊之举。在哲学上，这个问题被称为"本体"问题，讨论这一问题的学问被称为"本体论"。通俗地说，本体就是世界的本原或根本，是最真实的东西。无论如何世易时移，本体都是永恒不变的，不会被毁灭，万事万物都依赖于它。显然，庄子认为本体是一种不可描绘的"道"——即老子所说的"道可道，非常道"。

哲学史的早期，本体论问题是哲学家关心的焦点。针对此，哲学家们也提出了很多观点，比如水（泰勒斯），"无形"（阿那克西曼德），气（阿那克西米尼），火（赫拉克利特），"四根"即火、土、水、气（恩培多克勒），数（毕达哥拉斯），原子（德谟克利特），理念（柏拉图），等等，不一而足。后来，本体论不再是哲学理论的中心问题，但对世界本体的探索一直在继续，又增加了上帝、意志、物质、"绝对精神"等许多答案。然而，本体到底是什么至今仍然没有得到解决。

柏拉图的梦

出身贵族的柏拉图喜爱思考和脑力劳动，鄙视体力劳动和劳动人民。在学术上，柏拉图也是重视逻辑推理，而轻视实际考察。他尤其推崇离现实很远的数学思维，甚至在柏拉图学园门口写上："不懂几何者，不得入内。"

柏拉图的世界观纯粹是抽象思维的产物，根本不能在实际世界中完全得到检验。他认为，宇宙起初是没有区别的混沌，其中有两种直角三角形——一种是正方形的一半，一种是等边三角形的一半。造物主是个数学家，制定了一个数学化的创世方案。按照这个方案，经过一系列机械运动，三角形组成了 4 种正立体，产生了构成尘世的 4 种微粒——火微粒是正四面体、气微粒是正八面体、水微粒是正二十四面体、土微粒是正立方体。还有一种由正五面体形成的正十二面体，产生了构成天体的第 5 种微粒"以太"。这样一来，整个宇宙形成一个圆球，由混沌无序变得井然有序。宇宙圆球如此完美、对称，球面上每一点都相同，有一个灵魂充盈整个宇宙空间。在宇宙中，火对气的比例、气对水的比例和水对土的比例相同，万物都可根据组成微粒的比例用数目定名。数学是灵魂进入永恒的捷径，人通过学习数学可以进入"理念世界"。

可以说，柏拉图的世界观基本上是一种数学游戏，或者是毫无根据的空想。对此，18 世纪的法国启蒙思想家伏尔泰写过一篇《柏拉图的梦》，对柏拉图不顾实际的空想癖好进行讽刺。

柏拉图，如同他那个时代的许多伟大的人，是个梦想家。在他的幻界之中，人本应是雌雄同体的；只是为了人所犯下的罪，人就被分成了两部分，于是就有了男人和女人的分别。

柏拉图还证明了完美的世界不能多于5个，因为正规的数学体系只有5种。柏拉图的"理想国"是他的主要梦幻的体现。在柏拉图的幻境里，人先是睡觉，然后醒来眯着眼四下观看，然后又是睡觉；人也不应该用肉眼去看日食，而是要弄桶水来看水中的倒影，不然会变成瞎子的。在柏拉图的时代，梦幻还有极好的名誉。

今天，我要讲的就是柏拉图的一个梦，这个梦可不是一点趣味也没有的那种。在柏拉图的这个梦里，伟大的地米古斯，那位流芳百世的几何家，那位在太空制造了无数圆球并在每颗球上放了许许多多人的几何家，要看看妖怪们到底从他那学了多少东西。于是，地米古斯给了每一位妖怪一些物质并由他们发挥想象，打个比方吧，那就像菲底阿思和宙苛西斯教他们的门徒那样：给个像，让他们照着画。

魔王领了他那块我们现在称为地球的物质。一阵忙碌之后，魔王把地球弄成了现在的这个样子。魔王高兴极了，他觉着这是一件可以被称为杰作的上上品。魔王觉着他已成功地让妒忌之神闭上了她的嘴，他盘算着该如何欣赏即刻可至的其他妖怪的颂词。使魔王大惑不解的是：兄弟们送给他的只是一阵不屑的嘘声。

兄弟中那个最好挖苦人的家伙还凑上前来说了这样的话："可不是吗，你倒真的干了件了不起的事呢！你把你那世界分成了两部分；为了阻断两边的来往，还那么小心地弄了那么些水在两个半球之间；要是有谁胆敢靠近你做的那两个极地，肯定会被冻僵；谁胆敢靠近赤道，谁就得被烤焦了。你又是那样深谋远虑，造了那么大片的沙漠，任何试图穿越它的人不是被饿死就得渴死。我倒是没从你造的那些牛、羊、公鸡、母鸡身上找出什么毛病来，可我没法理解你为什么要弄出那些毒蛇和蜘蛛。你那些洋葱、洋蓟是好东西，可你干吗又将毒草种得到处都是？除非你想着去毒一毒那些你造的人。而且，我没数错的话，你大约造了三十几种猴子，还有更多种类的狗，可你只造了4种或是5种人。你又给了这后一种动物一种本能，就是推理；可实际上，那个什么推理不过是一种可笑的玩意儿，离那个被你叫作愚蠢的本能不会远于一寸。除了上边提到的，你还一点也不尊重你造的那些两条腿的朋友们；你只给了他们少得可怜的一点自卫；你把他们丢在那样一种混沌之中，只给他们很少的补偿；你给了他们那么多情感，却又给了那么少的用来抵御感情的智慧与谨慎。你一准儿早就没想要这个球面上在任何时间都有许多的人可以生存；你又弄了天花病去日复一日地折磨他们，使得他们的数目每隔几年就要少去1/10，还给那余下的9/10以其他疾病；你还嫌这些不够，又让那幸存的人们不是对簿公堂就是自相残杀。为了你这所谓的杰作，人们还要对你终生顶礼膜拜。"

听到这，魔王的脸红了。他觉察出这里面真的是涉及了物质与精神上的双重邪恶，可他还是坚称：他那杰作里边，基本上是善多于恶的。

"听着，好心肠的伙计，没有比到处去挑毛病更容易的了。"魔王说，"你不想想，造一种动物，给了他们推理的本能不算，还搭上自由意志，又要想办法不使他们滥用他们的自由，容易吗？你也不想想，养出1万种植物，出点有毒的算什么？你以为，那么多的水、沙子、土，能造出个又没海又没沙漠的球来？看看你自己吧，我的专出冷言冷语的朋友，你不是刚造完那个木星吗，也让咱来看看你做的那条大带子、那长夜、那4颗月亮。看看你造的那个世界，是不是上面的居民既不生病也不愚蠢。"

有跑得快的妖怪立刻去了趟木星，回来和众人说了说，于是，大伙又一块去笑那刚刚还在猛挑刺的那位。众人中做事最认真的那妖怪，也没能免受嘲讽。其他造了火星、水星、金星的也都被找出这样或那样的错误加以嘲笑。

后来,好几本大书、无数小册子被制造出来记述这造太阳系的事件;天底下想得出来的花言巧语无所不用;可惜言多有失,最后弄出很多自相矛盾的东西。

后来,伟大的地米古斯对那几个妖怪说:

"你们几个做的那几个球各有好的一面和不好的一面,经过热烈的讨论,大伙都有了不同程度的更进一步的理解。你们几个离完美还有很大一段距离。这样吧,你们的作品就留在这一亿年好了。再过一亿年,你们都会知道更多,做起事来也就会好许多了。不要对你们自己要求过高,要知道,这个宇宙里,只有我才能制造完美与永恒。"

这就是柏拉图传给他的门徒的教条。柏拉图刚完成他的高谈阔论,有位门徒高叫道:"您醒了吗?"

背靠空想,危机四伏。

芝诺悖论

芝诺曾经提出过一组著名的悖论，用来证明世间不存在运动，其中"阿基里斯追不上乌龟"和"飞矢不动"是最为著名的。

阿基里斯是古希腊神话中的大英雄，健步如飞，能日行千里。可是，芝诺却语出惊人，断定阿基里斯永远追不上慢腾腾的乌龟。他是这样证明的：阿基里斯想要从后面追上乌龟，首先要跑到乌龟开始在的地方；但是，当阿基里斯到了那个地方，乌龟已经跑到新的地方了；阿基里斯再追到新地方，乌龟又跑远了……就这样类推下去，阿基里斯永远都追不上乌龟。这就是"阿基里斯追不上乌龟"的悖论。

"飞矢不动"悖论是说：时间和空间可以被分成小的部分，既然任何事物在刹那间都只能占有和自身相等的空间，那么，飞矢也是如此。飞矢在飞行的过程中，只能这一刹那间在某一点，那一刹那间在另一点。于是，飞矢实际上经过的只不过是无数个静止的点，或者说在每一瞬间都是静止的。所以，飞矢实际上是不动的。

根据这些悖论，芝诺得出了结论："运动变化甚至是机械位置移动都是不可能的。"显然，芝诺的结论是荒唐的，与现实完全不符。但是，要从理性上反驳他却不是一件容易的事情。据说，第欧根尼听到芝诺的命题后，走出了他一直居住的木桶，一言不发地走来走去。他的学生悟出了老师的意思——第欧根尼是用事实来反驳芝诺的论断——不禁为老师的机智叫好。可是，第欧根尼却斥责道："用理性论证的东西只有用理性去反驳才有效，即逻辑的论证只能用逻辑的论证来反驳；既然芝诺的命题是理性问题，那你反驳他也得讲出道理，而不应该满足于用事实加以反驳的简单做法。"

事实上，芝诺的悖论没有证明运动不存在，而是证明了理性在某些时候会和现实不相符合。显然，运动存在与否的判断标准不是逻辑，而是事实。在现实中，运动无处不在，而逻辑证明运动不存在，错不在现实，而是在逻辑——逻辑并不能完全反映现实。

从论证上看，芝诺的证明符合形式逻辑，但并不符合辩证法。实际上，事物的运动是辩证的。在"阿基里斯追不上乌龟"中，从阿基里斯到乌龟之间有无数个点，他只有逐个通过这无数个点才能追上乌龟，但是，通过这无数个点所需要的时间并不是无限的，也就是说，阿基里斯在有限的时间通过了无数个点。在现实生活中，人哪怕是迈出一步，这一小步都可以分成无数个部分，而只需要一两秒就可以迈出一步。即使每一瞬间飞矢都是静止的，也不等于这些静止的瞬间相加不能得到运动，运动和静止是辩证的关系，无数的静止相加最终产生了运动。在现实生活中，电影正是由一张张画面组成的，但反映出来却是连续的、动态的。按照辩证法，静止和运动、有限和无限不可分离，两者可以相互转化。

"阿基里斯追不上乌龟"，你永远追不上蝴蝶。

"理念的鱼"

提起哲学，中国人都知道唯物主义和唯心主义。有一则流传很广的讽刺唯心主义的笑话——

有个农村的孩子，寒窗苦读，终于考上了大学，学的是哲学专业。假期时候，他回到家里。儿子成了大学生，父亲备感骄傲，就请来亲朋好友吃饭。席间，父亲想让儿子向大家炫耀一下学问，就当众问他哲学是什么。儿子说了半天，大家都听不懂，最后一着急，儿子打了一个比喻："大家看桌上这盘鱼，一般人看是一条，学了哲学就知道其实是两条——一条是肉眼所见的物质的鱼，另一条是理念的鱼，在人的大脑和精神中。"

听了儿子的解释，父亲生气地说："把你送到大学，就学了这些东西。我们吃那条物质的鱼，你就吃那条理念的鱼吧。"

这里的"理念的鱼"讽刺的是柏拉图的理念论，它是典型的唯心主义。柏拉图认为，人们感觉到的世界是不停变化着的，比如今天是一片沧海，若干年后却变成了一片桑田，所以这个世界是不真实的，它之后还有一个理念的世界，才是永恒不变的本体世界。

什么是"理念"呢？理念是从事物中抽象出来的概念。打个比方，在现实生活中，我们看到的是一张张实际存在的桌子，桌子有木的，有铁的，还有石头的、塑料的……什么材料都可以制成桌子；桌子有四条腿的，有三条腿的，还可以更多；桌子可以用来吃饭，也可以用来办公，还可以用来画图。所以，假如别人问"什么是桌子"，一般我们都会指着一张桌子说："这就是桌子。"却很难定义什么是桌子。按照柏拉图的意见，一张张桌子的背后存在一个理念的桌子，它才是最真实的，其他的桌子都是对它的模仿。一类事物有一个理念，一个个的理念构成了理念世界，现实世界是理念世界的模仿。

从常识的角度看，世界当然是由实物组成。随便找个农民、工人来问："世界是物质的，还是精神的？"他基本上都会说："当然是物质的啊，难道我手里的锄头、锤子不是真的，是我想象出来的啊？这么简单的问题还问。"但是，哲学家们不仅一直在问这个问题，而且这个问题是哲学尤其是近代哲学的基本问题（即精神与物质谁是本原，谁是派生的问题），甚至全部哲学的历史都可以理解为是唯物主义与唯心主义的斗争。

哲学不是常识，而是对常识的沉思，唯心和唯物的问题并不是像常识那么简单。的确，单纯从感觉上看，世界是由实物组成的，但是，我们所看到的一切都是在无穷的生灭之中变化着的，包括太阳也是有寿命的。所以，完全有理由怀疑实物并不是世界的本原——当然，这并不是说唯心主义就比唯物主义更正确，而是说唯心主义者并不是毫无根据的胡说。事实上，哲学史上坚持唯心主义的哲学家更多，并且，还有很多哲学家的理论不能简单地用唯心唯物来划分。"理念的鱼"虽然不能吃，但还是有一些道理的。

"我不是我了"

　　古希腊哲学家赫拉克利特有一句非常有名的话："人不能两次踏入同一条河流。"他的意思是，世界是永恒变化着的，运动是绝对的，即"一切皆流，无物常驻"。他说："除了变化，我别无所见。不要让你们自己受骗！如果你们相信在生成和消逝之海上看到了某块坚固的陆地，那么也只是因为你的目光太仓促，而不是事物的本质。你们使用事物的名称，仿佛它们永远持续地存在，然而，甚至你们第二次踏进的河流也不是第一次踏进的那同一条河流了。"在赫拉克利特看来，世界就是一团永恒燃烧着、跳动着的火。

　　后来，赫拉克利特的一个学生把他的观点绝对化、教条化，提出了一个极端观点："人一次也不能踏入同一条河流。"这就割裂了运动和静止之间的关系。物质世界处于永恒的运动之中，但绝对运动的物质又有相对静止的一面。所谓相对静止，是指在一定的条件下、相对某一确定的事物是静止的。比如，坐在火车上的人看同伴就是静止的，而火车下面的人看他就是运动的。

　　物质世界是绝对运动和相对静止的统一。否认相对静止，就会得出荒谬的结论。古希腊就有一则这样的故事。

　　有一个人外出忘了带钱，便向邻居借。过了一段时间，这个人不还钱，邻居便向他讨债。这个人狡辩说："一切皆变，一切皆流，现在的我，已不是当初借钱的我。"邻居发了脾气，一怒之下就挥手打了他，赖账人要去告状，这位邻居对他说："你去吧，一切皆变，一切皆流，现在的我，已不是当初打你的我了。"赖账人无言以对，只好干瞪眼。

谷堆和秃头

欧氏几何的创始人欧几里得是苏格拉底的最早的学生之一，后来创建了麦加拉学派。据说，他有很多有名的论辩，其中最著名的是"谷堆辩"和"秃头辩"，后来被许多哲学家引用。

"谷堆辩"是说：一颗谷粒不能形成谷堆，再加上一颗也不能形成谷堆，如果每次都加一颗谷粒，而每增加的一颗又都不能形成谷堆，所以，不管加多少谷粒都不会形成谷堆！

"秃头辩"是说：掉一根头发不能成为秃顶，再掉一根也不能成为秃顶，那么如果每次掉一根，而掉的每根头发又不能形成秃顶，所以，不管掉多少头发都不能称为秃头！

欧几里得不懂得量变和质变的关系，所以才会提出上面的论证。按照辩证法，任何事物都具有一定的质和一定的量，是质和量的统一体。质是一个事物区别于其他事物的内在规定性。世界上的事物之所以千差万别，就是因为每个事物各自具有独特的质。量是事物存在和发展的规模、速度、程度以及构成事物的各部分在空间上的排列组合等规定性。同一类事物之所以不尽相同，就是因为它们在量上不同。比如说，30℃的水和60℃的水都是水，但是温度不一样。

事物的运动、变化和发展呈现为量变和质变两种状态。世界上任何变化，都是从量变开始的，当量变积累到一定程度，就会引起质变。换句话说，量变是质变的准备，质变是量变的结果。所以，一粒谷子不会形成谷堆，但谷粒积累到一定数量，就成为谷堆；掉一根头发不会变成秃顶，然而头发掉到一定程度，就成了秃顶。

田忌赛马

"田忌赛马"是量变引起质变的著名案例。据《史记》中记载，战国时代，齐威王爱好骑马射箭，喜欢和别人赛马。由于养了许多千里挑一的骏马，十有八九他都会取得胜利。

田忌是当时齐国最著名的将领，用兵打仗，运筹帷幄，为世人所称道。

有一天，齐威王又提出和田忌比赛，并且以千金做赌注。在这之前，田忌和齐王赛过多次马，都是田忌输了。所以，田忌答应了比赛之后一直在琢磨：这次怎么才能赢呢？

田忌回到家里，把这事告诉给孙膑。孙膑是一个有勇有谋的兵法家，起初在魏国做官，后来为了躲避同门师兄弟庞涓的陷害，从魏国逃到齐国。田忌早就知道孙膑精通兵法，十分敬佩他，就让孙膑住在自己家里，当作贵客招待。两个人情投意合，情同手足。

孙膑问田忌："以前都怎么个赛法？"田忌说："两个人各备3匹战马，马分上、中、下三等，上等的对上等，中等的对中等，下等的对下等。赛过一轮定输赢。我的马力气不足，都输给威王了。"孙膑想了想，说："这次，我保你能取胜。"到比赛的那天，孙膑对田忌说："你把最好的辔头、鞍子备在下等马上，当作最好的马与国王最好的马比赛，再用你的上等马与国王的中等马比赛，用你的中等马与国王的下等马比赛，这么颠倒一下次序，一定会赢的。"

田忌按照孙膑的主意准备妥当，然后催马上阵，开始与威王比赛。第1个回合，田忌输了，可是，第2个和第3个回合田忌都赢了。于是，田忌赢了千金赌注。

　　这个结果让齐威王深感意外，就问田忌这次他是怎么取胜的。田忌就把孙膑给他出的主意如实地告诉了齐威王。齐威王听后，连声称赞孙膑有智谋。从此，齐威王大胆重用孙膑，让田忌、孙膑统领齐国大军。

　　田忌采用孙膑之计，将自己参赛的马在次序上进行了调整，就反败为胜。从哲学上看，这种次序的变化也属于量变。量变不仅是数量的变化，也包括次序、结构、位置方面的变化。田忌赛马的故事生动地说明了：量变和质变的相互转化，是事物发展的普遍规律。

南美洲的火灾

在南美洲，有很多一望无际的大草原。大草原上人烟稀少，地势平坦，刮起风来，非常猛烈，所以一旦发生火灾，很难扑救，尤其是秋冬季节，往往要烧几天几夜。

有一天，一群旅行者来到大草原上游玩。正当他们为大草原的壮观而惊叹的时候，忽然发现远处浓烟滚滚——起火了！火借风势，迅速向前推进，很快人们就可以看到远处几米高的火苗了。不幸的是，旅行者处在下风向，情况非常紧急。大家赶紧拔腿就跑，想逃出险境，但火的速度更快，眼看就要追上人群了。

就在这千钧一发的时刻，一位当地的牧民出现在旅行者的面前。当地人喊住了跑得气喘吁吁的旅行者，对大家说："各位，跑是没有用的，大家按照我的安排行事，保证没事。大家先把这块地方的草都拔出来，形成一个隔离带。"

大家见是一位当地人，知道他经验丰富，于是都听从了他的安排，七手八脚地猛拔起草来，不一会就清除出一条隔离带。

火是从北面烧过来的，牧民让大家把拔出的草搬到隔离带的北边。这时，大火已经很近了，风越来越大，看样子狭窄的隔离带不可能挡住大火。有人惶恐地问当地人："这样恐怕挡不住大火吧?"

"别急，我自有办法。"

就在大火就要烧到隔离带的时候，当地人吩咐大家把草堆点燃，然后带领大家躲到隔离带的南边。

大家惊奇地发现，隔离带北边的火竟然逆着风向向北烧去，很快就和大火烧在一起，而且火势居然慢慢变小了。最后，两股火终于"精疲力竭"，慢慢地熄灭了下来，只剩下大股黄褐色的烟柱还在草地上不断地盘旋上升。

获救的旅行者向牧民讨教"用火灭火"的奥秘时，他出了一口气说："刚才大家受惊吓了。在烈火上面的空气受热后会变轻而上升，各方面的冷空气就会流过去补充。所以，在火的附近，一定会有迎着火焰流去的气流。等到北面的大火接近我们的草堆时，我们把草堆点燃，那么，这边的火就会朝着风的相反方面烧去。最后，两股火前面的草都烧没，就会渐渐熄灭。当然，火不能点燃得太早，也不能太迟。这是我们长期在草原上生活总结出来的灭火办法。"

按照一般情况，救火要用水，燃烧物温度低于燃点，火就会熄灭；或者用沙土覆盖，燃烧物与空气隔绝火也会熄灭。人们很难想到火居然也可以灭火，而是会认为起火的时候点火是火上浇油。牧民灭火的故事，生动地说明了一般规律之下有特殊规律，说明了想问题、办事情应该具体问题具体分析，不要被教条所束缚。当然，如果对火燃烧时的细节规律不了解，牧民是不敢用火来灭火的。所以，突破常规之前，要有对具体问题的深入了解。

对症下药和量体裁衣

据《三国志》记载，东汉时有个杰出的医学家华佗，有一次给州官倪寻和李延看病。他俩得的都是头痛发热病，可是华佗给他们开了两个药方：倪寻吃泻药，李延吃发散药。这是为什么呢？人们很不理解。华佗解释说，倪寻的身体外部没有病，病是从内部伤食引起的；李延的身体内部没有病，病是从外部受冷感冒引起的。病症不同，所以治疗就不同。倪李二人按方服药，病都好了。后来，人们称赞华佗这种治疗方法是"对症下药"。

又据清代《履园丛话》记载，北京有个成衣匠，给人做衣服时，不仅对穿衣人的年龄、相貌、性情等都仔细询问，而是连什么时候中科举等都了解清楚。人们感到奇怪。他解释说，如果是少年中举，必然是性情骄傲，走起路来挺胸凸肚，衣服要做得前长后短；如果是老年中举，大都意气消沉，走路不免弯腰曲背，衣服要做得前短后长；体胖，腰要宽；体瘦，腰要窄；性急的，衣宜短；性缓的，衣宜长。后来人们就把这种方法称为"量体裁衣"。

这两则故事都说明了具体情况具体分析、按实际情况办事的哲学观点。

杞人该不该忧天？

世界究竟是如何组成的？对这个问题的不同回答就形成了不同的宇宙观，即对宇宙的基本观念。公元前 7 世纪，巴比伦人认为天和地都是拱形的，大地被海洋所环绕，而其中央则是高山。古埃及人把宇宙想象成以天为盒盖、大地为盒底的大盒子，大地的中央则是尼罗河。古印度人想象圆盘形的大地负在几只大象上，而象则站在巨龟背上。在中国古代，有 3 种最著名的宇宙观：盖天说、浑天说和宣夜说。

"盖天说"起源于周朝，主张"天圆如张盖，地方如棋盘"（《晋书·天文志》）。也就是说，天是圆形，覆盖在大地上；地是方形的，像一个棋盘，日月星辰则像爬虫一样从天空上经过，因此早期的"盖天说"又被称为"天圆地方说"。这种说法虽然符合当时人们粗浅的观察常识，但却很难自圆其说——天是圆的，地是方的，天和地怎么才能连起来呢？后来，人们修改了"盖天说"，认为天与地并不直接相连，而是像一把张开的大伞一样高悬在大地上空，中间有绳子缚住天与地的中心，四周还有 8 根柱子支撑着天。可是，天盖的伞柄插在哪里？8 根柱子撑在什么地方呢？"盖天说"还是不能回答。到了战国末期，新的"盖天说"诞生了。它认为，天像覆盖着的斗笠，中间高四周低，最高点是北极；地像倒扣着的盘子，也是中间高四周低；天和地并不相交，天地之间相距"八万里"。

"盖天说"始终不能很好地回答一个问题：日月星辰东升西落，它们从哪里来，又到哪里去了呢？于是，古人提出了"浑天说"，它最早起源于战国时慎到"天体如弹丸"的思想，后来被东汉的张衡发扬光大。

在《浑天仪》中，张衡指出，天和地的关系就像鸡蛋中蛋白和蛋黄的关系一样，地被天包在当中；天不是半球形的，而是一个南北短、东西长的椭圆球；日月星辰都固定在天球上，天球转动造成了日升月落；大地也是一个球，它浮在水上，回旋漂荡。后来，有人认为大地不是漂浮在水上，而是漂浮在气上。

"浑天说"提出后，并未能立即取代"盖天说"，两种说法是各执一端，争论不休。但是，在宇宙结构的认识上，浑天说显然要比盖天说进步得多，能更好地解释许多天象，和经验观察的数据吻合。到了唐代，天文学家一行等人通过大地测量彻底否定了"盖天说"，从此，"浑天说"在中国古代天文领域称雄了上千年。

"盖天说"和"浑天说"中，日月星辰都附着在有形的天上——无论它是斗笠状的，还是椭球状的，但人们观测到日月星辰的运动各自不同，有的快、有的慢，有的甚至在一段时间中停滞不前，根本就不像附着在一个东西上。于是，"宣夜说"出现了。"宣夜说"可以追溯到殷商时期，但直到东汉的郗萌，才对它作了系统的总结和明确的表述。"宣夜说"认为，天是无形的，由无边无涯的气体组成，之所以有一种苍苍然的感觉，是因为它离地太远了；日月星辰自然地飘浮在空气中，不需要任何依托，因此各自遵循不同的运动规律；宇宙在空间上是无边无际的，在时间上也是无始无终的。

"宣夜说"和现代科学的许多结论一致，是中国古代最卓越的宇宙观。可是，它在古代没有受到重视，几至失传。在《列子·天瑞篇》中，有一个"杞人忧天"的故事就对"宣夜说"暗加讥讽——

据说，有个杞国人听说了"宣夜说"之后，非常担心天上的星星会掉下来，砸到他的头上。于是，杞人整日忧心忡忡，茶饭不思，渐渐地病倒。后来，朋友请来了一位高人来给他治病。高人开导杞人说："日月星辰也是气体形成的，只是会发光而已，即使它们掉下来，也不会砸伤人的。"听了高人的解释，杞人才从担忧中解脱出来。

联系的故事

"围魏救赵"的故事几乎家喻户晓,这个故事常常被用来说明事物之间是普遍联系的。

公元前 354 年,势力强大的魏国进攻赵国,魏国将军庞涓指挥大军包围了赵国的都城邯郸。第二年,赵国向齐国求援,齐国任命田忌为将,孙膑为军师,率军 8 万前往救援。

田忌本来打算带领军队直接去赵国与魏军作战,孙膑劝阻道:"要解开杂乱纠纷,不能握拳不放;要解救相斗之人,不可舞刀弄枪。避实就虚,给敌人造成威胁,邯郸之围便可自解。如今魏军全力攻赵,精兵锐卒势必倾巢出动,国内一定只剩老弱兵丁,将军不如轻装疾奔魏都大梁,占据险要,攻其虚处。敌人必回师自救,这样,我们便能一举解开邯郸之围,又可乘魏军疲惫之际,一鼓歼之。"

田忌采纳了孙膑的计谋,率军进攻魏国。庞涓得知消息,非常着急,丢掉粮草辎重,星夜从赵国撤军回国。孙膑预先在魏军回国的必经之地桂陵(今河南长垣西北)设下埋伏,当庞涓率领长途跋涉、疲惫不堪的魏军经过时,齐军突然出击,大败魏军。从此,孙膑名扬天下。

辩证法认为,世界是普遍联系的。所谓联系,是指一切事物、现象之间相互依存、相互制约、相互作用的关系。任何事物或现象都处于和其他事物或现象的联系之中,没有孤立的事物或现象。围攻大梁与邯郸解围两者看似不相关,实际却是相互联系的。认清了潜在的联系,就可以出其不意地化解困境。实际上,联系的普遍性决定了任何两个事物、现象都存在着或远或近的联系,没有完全无关的两个事物、现象,只不过联系有大有小，有本质的，也有非本质的，有直接的，也有间接的。两个看似无关的事物、现象，很可能是它们之间的联系没有被认识。

现代科学中有个著名的"蝴蝶效应"，形象地说明了联系的普遍性。1963 年，气象学家洛伦兹在一篇论文中指出，气候现象是非常微妙的，一只南美洲亚马孙河流域热带雨林中的蝴蝶，偶尔扇动几下翅膀，可能在两周后引起美国德克萨斯州的一场龙卷风。其原因在于，蝴蝶翅膀的运动导致其身边的空气系统发生变化，并引起微弱气流的产生，而微弱气流的产生又会引起它四周空气或其他系统产生相应的变化，由此引起连锁反应，最终导致其他系统的极大变化。1979 年，洛伦兹就这个问题在美国科学促进会上做了一次演讲，给人们留下了极其深刻的印象，"蝴蝶效应"之说从此产生。蝴蝶居然与千里之外的龙卷风有关，世界的联系是多么微妙啊！

当然，普遍联系之下包含着客观的规律和必然的因果关系，普遍联系并不等于胡乱联系，胡乱联系只会闹笑话。有这么一则古代笑话，说有个人喜欢谈轮回报应，逢人就劝说要积德行善，因为佛经上说过，杀什么，来世就会变成什么；杀牛变牛，杀猪变猪，即使杀一只蝼蛄、蚂蚁，也莫不如此。有个姓许的人就反问他："那岂不是最好杀人，不是杀什么变什么吗？今生杀人，来世还变人，不是好得很吗？"劝人向善当然不错，可是胡乱联系，不但不能说服他人，反倒引起人家的反感。

石头的存在

　　哲学上，有一种主观唯心主义，又被称为"唯我论"。英国哲学家贝克莱（1685～1753年）是典型的主观唯心主义者。贝克莱认为："物质是观念的集合"，"存在就是被感知"。这是什么意思呢？他解释道："我看见这个樱桃，我触到它、我尝到它……它是实在的。你如果去掉柔软、湿润、红色、涩味等感觉，你就是消灭樱桃……我肯定说，樱桃不外是感性的印象或为各种感官所感受的表象的结合。"也就是说，世界上的万事万物都是个人的感觉，依赖我们的感觉而存在，如果没有被感觉到，它们就不存在。

　　有一次，贝克莱与一位朋友在花园里散步，这位朋友一不小心踢在一块石头上。朋友对贝克莱说："我刚才没有注意到这块石头，那么这块被我踢了一脚的石头是否存在呢？"贝克莱略加思索后说道："当你的脚感觉到痛了，石头就是存在的；而如果你的脚没有感觉到痛，石头当然就不存在。"当时，这位朋友哑口无言。

　　中国古代也有主观唯心主义者，明朝的王阳明就是其一。王阳明提出："心外无物，心外无事"。在他看来，人心是整个世界的本原和主宰，天地万物都离不开人，都存在于人的心中。据说，有一次王阳明同朋友在一个叫南镇的地方游玩，同行中有个朋友指着山中的花树，问王阳明道："天下无心外之物，如此花树在深山中自开自落，于我心亦何相干？"王阳明回答说："你未看此花时，此花与汝心同归于寂；你来看此花时，则此花的颜色一时明白起来，便知此花不在你的心外。"这就是说，人没有看到花时，花就不存在；只有当人看到花时，花的颜色才在人的感觉中显现出来。因此，王阳明的结论是："花不在人的心外"。

后来，德国哲学家费尔巴哈曾经针对贝克莱的观点进行了形象而诙谐的反驳。他说："如果小猫所看到的老鼠只存在于小猫的眼睛中，如果老鼠是小猫视神经的感觉，那么为什么小猫用它的爪子去抓老鼠而不是抓自己的眼睛呢？这是因为小猫不愿为了爱唯心主义而自己挨饿。在它看来，对唯心主义的爱只是痛苦。"法国哲学家狄德罗把主观唯心主义者比喻为一架"发疯的钢琴"，"以为它是世界上仅有的一架钢琴，宇宙的全部和谐都发生在它身上。"闭上眼睛就否定世界的真实性——这种观点的确有点疯狂。

驼背种树

《古文观止》中有一篇《种树郭橐驼传》，讲述了一则关于植树的故事。

长安之西有个丰乐乡，乡里有个姓郭的驼背老汉，非常会栽种果树。凡是郭老汉种的果树，没有不活的，而且都长得非常快，结的果实也非常多。很多人偷偷地观察郭老汉种树，并模仿他的方法，但怎么也不如他种的好，于是有人便向他请教。

郭老汉谦虚地说："我没有什么特殊的方法让果树更长命、更高产，我的办法只是顺应果树的性子，让它们能够自由自在地生长罢了。无论什么果树，都有一些共同之处。树和树之间的距离，要留得宽一些，让它能舒展开来。树脚的土，最好弄平，不要凹陷，以免过多积水；也不能堆积得太多，不能把树干都埋住了。最好在树秧的根上保留一些原来的泥土，不要突然改变了它的土壤环境。培土不要培得太松，以免被风所摇动。种树的时候，要像照顾子女一样小心翼翼。种完以后，要让树自己生长，不要去摸弄它。可是，有的人种树却不是这样。种的时候，马马虎虎，把树秧一插了事。培的土不是太多，就是太少。种完以后，总是摇呀，摸呀。也有人怕树死了，常常用指甲刮开树皮，看是不是死了。这样做，都是违反了果木的本性，妨碍了它的生长，怎么能种好果树呢？"

郭老汉的话说出了一个道理：事物的运动、发展有自己的客观规律，只有顺应这个规律，才能办好事。否则，无论出于什么目的，无论怎么努力，只会把事情办砸。

《孟子》中就记载了一个不尊重客观规律办砸了事情的故事。

从前，有个宋国人性子很急，日夜盼望田里的稻秧快点长大。有一天，他以为自己想到了一个好办法，跑到田里，把每棵秧苗都拔出了一些，这样看起来似乎秧苗一下长高了许多。

当他精疲力竭地回到家里，兴致勃勃地告诉家里人："好累啊！我辛苦了一整天，把秧苗拔出来了一些，稻谷长高了好多。"家里人听他说完，赶紧跑到田里去看，满田的稻秧的叶子都已经枯萎了！

人生与道德

达尔文的斗犬

1859 年，达尔文出版了《物种起源》，并把它寄给了好友、伦敦矿物学院地质学教授赫胥黎。在《物种起源》中，达尔文提出了"生物进化论"：生命起源于原始细胞，然后逐渐从简单到复杂、从低级到高级不断发展，最终进化出今天种类繁多的生命形态；在生物的进化过程中，相互之间不断进行着生存斗争，并通过自然选择，优胜劣汰。

显然，达尔文的学说包含了人也是从原始细胞进化而来的结论，但达尔文并没有直接提出人是由猿进化而来的理论，这一理论是赫胥黎提出来的。据说，赫胥黎受到《物种起源》的启发，萌生了人和猿来源于同一祖先的想法，又仔细研究了人的头骨、黑猩猩的头骨、猴子的头骨以及这些生物的大脑，最后才提出了人是猿猴进化而来的理论。

在达尔文之前，欧洲人相信是神或者上帝创造了整个世界，《旧约·创世纪》还详细记述了上帝创造世界的过程。达尔文的进化论否定了教会的说法，动摇了基督教信仰的重要基础，因此，教会对《物种起源》恨之入骨，称之为"魔鬼的圣经"。赫胥黎看完此书，也预感到它将会激起教会的强烈反对。于是，在给达尔文的信中，赫胥黎热烈赞扬《物种起源》，并说"我正在磨利爪牙，以备来保卫这一高贵的著作"，必要时"准备接受火刑"。

实际上，赫胥黎的"人猿同祖说"比《物种起源》让当时的人们更难以接受。按照《圣经》的说法，人是上帝按照自己的形象创造的，有灵魂，有智慧，知善恶，人是不同于动物植物的，是上帝创造出来管理自然界的。现在，赫胥黎提出人是由猿猴进化而来的，就把人的位置"降低"到动物界，所以，不仅是教会，普通的老百姓对赫胥黎的说法也非常反感。

于是，达尔文、赫胥黎与教会之间发生了激烈的冲突，有人还给达尔文寄来一颗子弹进行威胁。在斗争和危险面前，赫胥黎挺身而出，毫不畏惧，骄傲地宣称："我是达尔文的斗犬。"有一次一个人看到赫胥黎，讽刺地说："当心，那只狗又来了。"赫胥黎轻蔑地回答说："是啊，盗贼最害怕嗅觉灵敏的猎犬。"

1860 年 6 月 30 日，赫胥黎与大主教威尔伯福斯在英国牛津大学展开了一场关于人类起源的大辩论。

在辩论中，威尔伯福斯除了援引《圣经》上的说法之外，什么也说不出，而赫胥黎材料翔实，有根有据，把威尔伯福斯驳得哑口无言。最后，威尔伯福斯只得尖刻地反问赫胥黎："你是从猿祖父还是猿祖母那一支生出来的？"此语一出，满堂喧哗。然而，赫胥黎毫不示弱，义正词严地回答道："人类没有理由因为他们的祖先是猴子而感到羞耻，与真理背道而驰才是真正的羞耻。只有那些游手好闲、不学无术而又一心要靠祖先名头的人，才因祖先的野蛮而感到羞耻。"

为了保卫和宣传进化论和"人猿同祖论"，赫胥黎在以后的 30 年间，改变了自己的学术研究方向，从地质学转而研究脊椎动物化石。今天，在伦敦南肯辛顿博物馆的达尔文雕像旁，人们也立起了赫胥黎的大理石像。

从哲学上看，人类首先是动物，与动物有着亲缘关系。即使在本质上人不同于动物，但在生物学意义上，人不能否认自己的动物性。但是，人又不仅仅是动物，动物没有思想，没有理性，没有语言，没有灵魂，没有道德……也就是说，人身上还有非动物性。所以，人是动物性和非动物性的统一体。前者是后者的基础，后者是前者的升华。没有动物性的身体，人的一切都不可能存在。人的意识来源于大脑，不能离开身体而存在。

3 个筛子

有一天，苏格拉底的一位学生匆匆忙忙地跑来找他，边喘气边兴奋地说："告诉您一件您绝对想不到的事情……""等一下！"苏格拉底打断他。"你告诉我的话，用 3 个筛子过滤过了吗？"学生不解地摇了摇头说："3 个什么筛子？"

"当你要告诉别人一件事时，至少应该用 3 个筛子过滤一遍！"苏格拉底回答说。"第 1 个筛子叫作真实，你要告诉我的事是真实的吗？"

"我是从街上听来的，大家都这么说，我也不知道是不是真的。"

"那你就应该用第 2 个筛子去检查，第 2 个筛子叫善意。如果不是真的，至少也应该是善意的。你要告诉我的事是善意的吗？"

"不，正好相反。"学生有些不好意思。

"那么，我们再用第 3 个筛子检查看看，你这么急着要告诉我的事，是重要的吗？"

"并不是很重要。"

"既然这个消息并不重要，又不是出自善意，更不知道它是真是假，你又何必说呢？说了也只会造成我们两个人的困扰罢了。不要听信搬弄是非的人或诽谤者的话，因为他不会是出自善意告诉你的，他既然会揭发别人的隐私，当然也会同样地对待你。"

流言比利剑更可怕，道听途说，传播流言，等于是把自己的快乐建立在别人的痛苦之上。所谓"谣言止于智者"，说话反映智慧，要谨言慎行，言之有物，不要受人利用，传播是非。

听到流言的人应该泰然处之，最好置之不理。与流言较真往往得不偿失。

　　有人告诉罗马哲学家爱比克泰德自己因受人诋毁而烦恼，爱比克泰德说："如果你听到某人在说你的坏话，你就这么说：'他一定还不知道我其他的缺点，要不然怎么会只说那些坏话而已。'"

流言止于智者。

自由的乌龟

匈牙利诗人裴多菲有一首人尽皆知的诗——《自由与爱情》。

生命诚可贵，
爱情价更高。
若为自由故，
两者皆可抛。

裴多菲不仅歌颂自由，更是拿起了刀枪为自由而战斗，最后死在了战场上。

关于自由，有这么一则故事：

一天，庄子正在涡水垂钓。楚王派来两位大夫，前来请庄子出仕。大夫们对庄子说："吾王久闻先生贤名，欲以国事相累。深望先生欣然出山，上以为君王分忧，下以为黎民谋福。"

庄子拿着渔竿，头也不回，淡然说道："我听说楚国有只神龟，被杀死时已3000岁了。楚王以竹箱珍藏之，以锦缎覆之，供奉在庙堂之上。请问两位大夫，此龟是宁愿死后留骨而显贵，还是宁愿生时在水中潜行呢？"

两位大夫道："自然是愿意活着在泥水中摇尾而行啦。"

于是，庄子说："二位大夫请回去吧！我也愿在水中曳尾而行。"

人，最可宝贵的是自由。然而，在权力、财富和美色面前，人们往往宁愿失去自由。乌龟不知权力、财富和美色，因此知道自由的重要。

木桶中的幸福生活

古希腊哲学家第欧根尼反对人们无休止地追逐欲望以及因此引发的各种争斗，崇尚简单自然的生活。

第欧根尼不仅是说说，而是终身实践着自己的主张。他抛弃了所有不必要的财产，只留下一根橄榄树干做的木棍、一件褴褛的衣裳（白天穿在身上，晚上盖在身上）、一个讨饭袋、一只饭碗和一只水杯。他觉得大多数人的一生就是为欲望所左右，浪费在衣、食、住、行之类的琐事中，失去了原来的天性。所以，他拒绝普通人的生活方式，而愿意像狗一样饿了就吃、渴了就喝、累了就睡，不积累财富，不追逐名利，被人们称为"犬儒"。

据说，他每天住在市场里，晚上睡在一个大桶里——人们称之为"第欧根尼的大桶"。有人指责他出没于肮脏之处，他回答说："太阳也光顾臭水沟，却从未被玷污。"有一天，第欧根尼看到一个小孩用手捧水喝，而不需要水杯，于是把水杯摔碎了。又有一天，他看到别人用面包片卷着菜吃，而不需要饭碗，就把饭碗扔了——第欧根尼的生活简单到了不能再简单的程度。

他认为世人大都是半死不活的、虚伪的，大多只能算"半个人"。有一次，光天化日下，他打着一盏点着的灯笼穿过市井街头，碰到谁他就往谁的脸上照。人们问他干什么，第欧根尼回答："我想试试能否找出一个人来。"

有人会以为第欧根尼是个疯子。但是，他不仅不是失去理智的疯子，还是一个智慧卓绝的哲学家。他通过戏剧、诗歌和散文的创作来阐述他的学说，向那些愿意倾听的人传道，他拥有一批忠实的门徒。他对弟子们说，所有的人都应当自然地生活，抛开那些造作虚伪的习俗，摆脱那些繁文缛节和奢侈享受，只有这样，你才能过自由的生活；富有的人认为他占有宽敞的房子、华贵的衣服，还有马匹、仆人和存款，其实并非如此，他被它们所束缚，为这些东西操心，把一生的大部分精力都耗费在这上面，财富支配着他，他是财富的奴隶；为了攫取这些虚假浮华的东西，他出卖了自由——唯一真实和长久的东西。

很多人对社会生活感到厌倦，逃避到小小的农庄上、静静的乡村里，或隐居的山洞中，在那里过着简朴的生活。第欧根尼不这样做，而是直面真实的生活，立志扫除人类生活上的灰尘，指导人们去追求真正有价值的东西。作为哲人，第欧根尼不同于同时代的柏拉图、亚里士多德等人，他们主要是在自己的私塾里教学。对第欧根尼来说，课堂和学生都存在于芸芸众生中间。他故意住在热闹非凡的集市，在大庭广众之下向世人示范什么是真正的生活。

据说，第欧根尼"像狗一样"活到了80多岁。他的门徒在他的坟墓上立了一座狗的雕像，纪念他自由的一生。对于第欧根尼来说，什么是有意义的生活？自然的生活，不为财富和欲望所累的生活。的确，作为一个纯粹的人来说，所需并不多。纵使有广厦千间，一个人晚上只能睡一张床；纵使有珍馐万盏，一个人只能吃几盘菜。一个人需要多少财产才能过上幸福的生活？要过上幸福的生活，关键不在于财富。然而，对于物质财富，人们却那么难以满足，甚至不惜铤而走险，直至身败名裂。像第欧根尼一样生活，似乎要求太高了一些，但记住第欧根尼的教导，思考一下自己真正需要的生活，不要被财富完全蒙蔽，这是可以做得到的。要是能在生活中稍微实践一下，会使你更加明白：简单的生活最幸福。

亚历山大的心声

关于第欧根尼最有名的故事是他与亚历山大大帝的会面。

亚历山大大帝是有史以来最伟大的征服者之一，建立过最伟大的帝国。由于第欧根尼声名远播，亚历山大决定去拜访第欧根尼。当时，亚历山大才 20 岁左右，正在组织远征军，准备向亚洲进军。

亚历山大托阿里斯提卜传话给第欧根尼，要他去马其顿接受召见。第欧根尼回答说："若是马其顿国王有意与我结识，那就让他到此地来吧。因为我总觉得，雅典到马其顿的路程并不比马其顿到雅典的路程远。"

当亚历山大来时，第欧根尼正在他的大桶中晒太阳。当皇帝穿过人群走向"狗窝"，所有的人都向他鞠躬敬礼或欢呼致意。第欧根尼一声不吭，只是坐了起来。亚历山大打量了一下破桶和衣衫褴褛的第欧根尼，开口问："第欧根尼，我能帮你的忙吗？有什么要求你就提吧。"

"能。"第欧根尼说，"站到一边去，别挡住我的阳光。"

哲人的回答出乎意料。这有些对亚历山大不敬，但第欧根尼的言行使亚历山大的随从都哄笑起来。相反，亚历山大沉默了一会，慢慢地转过身，对身边的人说："假如我不是亚历山大的话，我愿意做第欧根尼。"

在世人的眼中，亚历山大登上了权力的顶峰，无人能及。据说，当时的人们都认为他是太阳神的儿子，把他奉为希腊人的守护神，对他毕恭毕敬。将领们和亚历山大说话甚至不敢直视他，怕被他的眼睛灼伤。但是，亚历山大却愿意做第欧根尼。像他一样过无拘无束、率性而为的生活，这不能不发人深省。

人 生 与 道 德

古希腊讽刺作家卢奇恩在《对话录》中杜撰了第欧根尼和亚历山大大帝两人死后在阴间的对话。第欧根尼问亚历山大："你不是太阳神的儿子吗？怎么你也会死啊？"

"现在我知道，"亚历山大沮丧地说，"那不过是骗人的妄想。"

接着，亚历山大大帝感慨世间的权力和荣耀不过是一场空，临死前甚至没有来得及安排继承人；由于将领们忙于争权夺利，瓜分他的帝国，他死后很久都没有下葬。

他还怨恨他的老师亚里士多德误导了他。第欧根尼问他："难道你老师没有告诉你命运的眷顾是不可靠的，世俗的荣耀是不可靠的?"

"第欧根尼，他是个骗子！一个金牌骗子！"亚历山大愤怒地对第欧根尼说，"我的一切他都说好，我的行为和我的钱——他把钱也算成一种'善'，这就意味着他不会为收钱而羞耻。是他的'智慧'教导我执着于金钱、权力、征服，而让我遗忘了最重要的是'自由'！"

在对话的结尾，第欧根尼建议亚历山大喝下忘川水，忘记尘世的经历，以减少两相对比徒增的烦恼。他还告诉亚历山大要小心，因为他生前得罪和伤害过许多人，他们也要来阴间了。

卢奇恩的故事虽然有些戏谑，但的确点到了亚历山大的痛处。虽然亚历山大权倾一世，却身不由己，生活并不幸福。在现实生活中，安于现状的平民百姓往往比拼命向上爬的官员更幸福，尤其是那些贪官污吏更是担惊受怕，提心吊胆，哪里谈得上什么幸福！实际上，权力越大责任就越大，责任越大压力就越大，压力越大就越难快乐。一句话，幸福并不等于权力。

废墟中的双面神

有一则广为流传的故事：

有位哲人在荒漠中探险，发现了一座废弃了很久的城池。

在城中，哲人看到一座双面神的石雕。哲人在石雕旁坐下来休息，想象着城池最鼎盛时的风采，想象着这里曾经发生过的故事，感到沧海桑田，世事无常，不由得叹了一口气。

这时候，双面神忽然开口说话了："先生，你在感叹什么？"

"原来是你在说话。"哲人吓了一跳，问道，"你为什么有两张面孔啊？"

"我的两张面孔分别用来向前看和向后看。一张回顾观看过去，可以吸取以往的经验。另一张面孔展望未来，可以预知今后的岁月。"

"你能够看过去望未来，的确是一件幸福的事情啊。可是，你却忽视了现在。过去是现在的逝去，再也无法挽留。未来是现在的延续，现在无法得到。就算你对过去了如指掌，对未来未卜先知，但把握不了现在，这些有什么用呢？"

听了哲人的话，双面神不由得长叹一口气，悔恨地说道："要是我早点听到你的话，这里也不至于成为废墟！"

"为什么呢？"

"很久以前，这里还是非常富裕繁盛。我是这里的保护神，自诩能够查看过去，又能展望未来，却没有把握好现在。结果，这座城池被敌人攻陷，惨遭屠城，一切都成了过眼云烟，我也被扔在了废墟之中。"

人 生 与 道 德

　　西方有一句格言：不要为打翻的牛奶哭泣。过去了的事情，就让它随风而去，深陷于过去之中不能自拔，只能徒增烦恼而于事无补。同样，以后的事情，就像镜花水月一样，无论多么美丽，都不能立刻变为现实，沉湎于未来的憧憬往往让人变得不切实际或者停步不前。和现在相比，过去或未来都是无意义的，只有现在是有意义的。双面神的故事启示我们：必须要珍惜现在！

西西弗斯的救赎

当代哲学家加缪有一本著名的《西西弗斯的神话》，生动地诠释了其存在主义的思想。西西弗斯是希腊神话中的人物，加缪用他的命运来隐喻人生。

根据《荷马史诗》的记载，西西弗斯是科林斯城的建造者和国王，非常工于心计。希腊神话中最高的神宙斯非常好色，有一次他掳走河神伊索普斯美丽的女儿伊琴娜，恰好被西西弗斯知道了。河神到处寻找女儿，来到了科林斯，西西弗斯要求以一条四季长流的河川作为交换条件，才肯告诉河神他女儿的去向。由于泄露了宙斯的秘密，宙斯大发雷霆，派死神普洛托将西西弗斯打入冥间。没有想到西西弗斯却用计绑架了死神，导致人间很长时间都没有人死去。最后，死神被救了出来，西西弗斯因而下了地狱。

在去冥界之前，西西弗斯嘱咐妻子墨洛珀不要埋葬他的尸体。到了冥界后，西西弗斯告诉冥后帕尔塞福涅，一个没有被埋葬的人是没有资格待在冥界的，并请求给他3天时间处理自己的后事。没想到，当西西弗斯又一次看到大地的青翠的面貌，领略到流水和阳光的爱抚之后，他再也不愿意回到阴森昏暗的地狱中去了。冥王的百般命令和召唤都无济于事，于是诸神派来众神的使者墨丘利抓捕西西弗斯，再次将西西弗斯投入地狱。

西西弗斯几次三番戏弄诸神，宙斯及众神决定严惩他，判处西西弗斯永世在冥界服苦役。西西弗斯要把一块巨石推上山顶，当石头到达山顶后就会滚落下来，西西弗斯就得再一次把它推上山顶……就这样，日复一日，年复一年，西西弗斯要痛苦、沮丧、无奈地重复这种无意义的劳动。

加缪搬出西西弗斯的故事，是用它来比喻人生的荒谬。在漫漫一生当中，希望一次次出现，最终又一次次破灭。无论怎样努力生活，怎样努力工作，怎么努力追寻人生的意义，死亡最终都将一切化为泡影。所以，每一次希望的终点只是新的折磨的起点而已。自从人堕入凡间，命运就已经注定了只能是绝望与折磨。在周而复始的永恒轮回中，任何劳作的力量都是虚妄的，因为命运不存在终极希望。西西弗斯的石头，是永远也不可能完成的任务。

然而，加缪又从西西弗斯的故事中读出了别的意义。他写道："诸神处罚西西弗斯不停地把一块巨石推上山顶，而石头由于自身的重量又滚下山去，诸神认为再也没有比进行这种无效无望的劳动更为严厉的惩罚了。西西弗斯无声的全部'快乐'就在于此。他的命运是属于他的。他的岩石是他的事情。同样，当荒谬的人深思他的痛苦时，他就使一切偶像哑然失声。"人生的意义不在于终极的归宿，而就在于这看似无意义的劳作之中。世界的确很荒谬，但这不能阻止我们快乐，"快乐可以让我更清醒地认识世界荒谬的本质"。总之，人生就是无解的悖论：一方面，生活是如此荒谬，已知的一切都无妄无效，人因此痛苦；另一方面，人在荒谬中存在，接受了这样的生活，并从中得到了幸福——西西弗斯式的幸福。

做英雄，还是做懦夫？

人是什么？这一问题追问的实际是人的本质。关于人的本质，哲学家们做过无数的回答。对于这个问题，当代法国存在主义哲学家萨特认为，人的存在先于人的本质。他的意思是说，人生下来的时候，并没有什么本质，其本质是在生存的过程中呈现出来的——先存在，后本质。那么，所谓本性，是在生活过程中逐渐形成的，这个形成过程的关键是个人自由的选择。在每一次选择中，每个人的本质就出现了。

第二次世界大战中，德国占领了法国，有个法国青年前来请教萨特，因为他不知道该如何选择自己的人生。这个年轻人面临着两个选择：是选择参加抵抗运动，离开自己年迈的、需要照顾的母亲，还是选择留在母亲的身边，而听任德国人在法国肆虐。二者只能选择其一，一经选择，这个青年就会走上完全不同的道路，因此希望萨特能给他指点迷津。

听完青年人的陈述，萨特给他分析了两种选择的后果：如果选择抵抗运动，他就成了面对侵略奋起反抗的英雄，但失去了做一个孝子的可能；相反，如果留在母亲身边，他就可以服侍母亲，全尽孝道，但却成为没有血性的懦夫。然后，萨特说，这两种选择没有什么高下之分，完全是不同的选择而已，选择不同就是不同的人生，他就成为不同的人——英雄或懦夫，孝子或不肖。最后，萨特说："你是自由的，所以你自由选择吧。"

萨特的自由选择强调人在选择面前的自由，坚持不屈服于传统、权威和说教，无疑具有巨大的解放作用。但是，每一种人生选择都是选择，都有其理由，都是人的本质形成的过程，那么，杀人越货与舍生取义在实质上都是一样的，没有好坏之分，因此，想干什么就干什么吧！显然，这种自由选择在现实生活中有时是行不通的。

自由选择之后呢？萨特说，每个人都要对自己的选择负责，因为选择是自由的，没有人逼迫你选择。这样一来，无论一个人的人生出现什么情况，都不能抱怨，怪只怪自己的选择。这种观念是个人英雄主义的，同时也是冷酷无情的。按照这种逻辑，人世间的不幸都是个人造成的，社会就没有任何责任了。比方说，一个人出生的时候，父亲是酒鬼和小偷，母亲是妓女，他从小在妓院长大，社会抛弃了他……最后他成了一个罪犯——难道悲剧的所有责任都该由这个可怜的人来负吗？如果是这样，"各人自扫门前雪，莫管他人瓦上霜"，社会对个体的帮助，比如慈善活动、公益事业甚至包括政府履行的社会救助职责都不需要了。实际上，个人问题也是社会问题，不能把所有的责任归结到个人的身上。从某种意义上说，萨特的自由选择是对西方资本主义社会问题的逃避。

苹果的味道

苏格拉底在世的时候，很多年轻人都非常崇拜他，虔诚地奉他为导师。苏格拉底经常在雅典城的中心广场给学生讲课，或者探讨各种各样的问题。他发现学生太尊敬他以至于迷信他的思想、依赖他的分析，没有自己的主见。于是，他想了一个主意。

这一天，苏格拉底又来到中心广场，很快就有很多青年人围拢过来。等学生们坐好以后，苏格拉底站起来，从短袍里面掏出了一只苹果，对学生们说："这是我刚刚从果园里摘下的一只苹果，你们闻闻它有什么特别的味道。"

说完，苏格拉底拿着苹果走到每一个学生面前让他们闻了一下。然后，他问离他最近的学生闻到了什么味道。这个学生说闻到了苹果的香味。他又问第2个学生，这个学生同样回答是闻到了苹果的香味。

柏拉图坐得比较远，到了他回答的时候，前面的十几个人的回答都是一致的——闻到了苹果的香味。当苏格拉底示意他站起来回答，他看了看同学们，然后慢慢地对老师说："老师，我什么味道也没有闻到。"

大家对柏拉图的回答都很奇怪，因为他们都闻到了苹果的香味。可是，苏格拉底却告诉大家：只有柏拉图是对的。接着，苏格拉底把那只苹果交给学生传看，大家才发现：这竟然是一只用蜡做成的苹果！

这时，苏格拉底对他的学生们说："你们刚才怎么会闻到了苹果的香味呢？因为你们没有怀疑我。我拿来一只苹果，你们为什么不先怀疑苹果的真伪呢？永远不要用成见下结论，要相信自己的直觉，更不要人云亦云。不要相信所谓的经验，只有开始怀疑的时候，哲学和思想才会产生。"

　　苏格拉底的用意是想让学生明白：任何时候都要用自己的大脑去思考，只有这样才能获得真正的知识。帕斯卡说："人是一根能思考的苇草。"不仅是哲学家，任何人都要记住：独立思考，自己判断。从某种意义上说，思考是人区别于动物的最重要特征。如果一个人自己不知道思考，可以说他还没有真正学会做人。只有爱思考的人，才会有所成就。柏拉图就是一个敢于怀疑老师、独立思考的人，所以他成了继苏格拉底之后又一位伟大的哲学家。

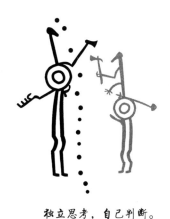

独立思考，自己判断。

怪鸟的故事

在《庄子·山木》中记载了一则这样的故事：

有一天，庄周到雕陵的栗园中游玩，忽然看见一只怪异的鹊从南方飞来。这只异鹊翅膀有七尺宽，眼睛直径有一寸长，挨着庄周的额角飞过去，隐没在不远处的栗树林中。庄周说："这是什么鸟呀！翅膀很大却飞不远，眼睛很大却视力不佳。"

庄周提起衣裳，快步走过去，拿着弹弓窥伺异鹊的动静。这时，忽见一只蝉儿，正得意地在树叶中乘凉，而一只螳螂突然伸出臂来一把抓住了蝉。螳螂意在捕蝉，为了抓蝉而暴露了自己，而怪鹊趁它捕蝉的时候一口咬住了螳螂。异鹊见利而没有留意自己的危险，不知道庄周拿着弹弓藏在它的身后。

看到这个情形，庄周有些心惊，不禁想："唉！物与物互相的利害关系，是由于它们之间相互的算计啊！"

想到这里，庄周赶紧扔下弹弓，回头就跑。恰在此时，看守园子的人看到了庄周，以为他偷东西，便一边骂一边追庄周。

"螳螂捕蝉，黄雀在后"这个成语就是从这则故事中引申出来的。庄子用这个寓言表明了自己顺其自然的生活态度。他认为，忙于算计他人，必然会导致自相残杀的结果，所以只有泯除心计，才能免于卷入物物竞逐的残酷斗争。然而，往往世人一味追求欲念而迷忘本性，不知危险就在身旁。

春秋时楚国令尹孙叔敖曾用这个故事来劝谏楚庄王。据《韩诗外传》记载，楚庄王准备出兵讨伐晋国，对大臣们说："谁敢进谏就杀了谁，决不赦免！"

孙叔敖说："我听说，害怕被打就不敢劝自己的父亲，不是孝子；害怕被处死就不敢谏君王，不是忠臣。"接着，孙叔敖就讲了螳螂和黄雀的故事，然后说："不光昆虫如此，人也是这样。不能只考虑眼前利益，而不顾后患无穷啊！"于是，楚庄王放弃了进攻晋国的打算。

人的欲望是无穷的，而满足总是有限的。所以，不克制欲望定会导致悲惨的结局。

悲观与乐观

日本哲人秋月龙民所著的《禅海珍言》有一则"哭婆"的故事。

从前，日本京都南禅寺附近住着一个绰号"哭婆"的老太太，她雨天哭，晴天也哭，成天神情懊丧，面容愁苦。

有一天，南禅寺的和尚问她："你怎么总是哭呢？"老太太边哭边回答说："我有两个女儿，大女儿嫁给了一个卖鞋的，小的嫁给了一个卖雨伞的。天晴的日子，我想到小女儿的雨伞一定卖不出去，下雨的天气，我又想到我女儿的鞋一定没人去买。我怎能不伤心落泪呢？"

和尚听了哈哈大笑，劝她道："你搞错了！天晴时，你大女儿的鞋一定生意兴隆；下雨时，你小女儿的伞一定卖得很多。"

听完和尚的话，老太太破涕为笑。从此，她成天乐呵呵的，由"哭婆"变成了"笑婆"。

也许，有人会觉得老太太很好笑。可是，在现实生活中这样例子很多。《笑林广记》中有一则类似的中国古代笑话。

两个秀才一同去赴试，刚上路就遇到出殡的队伍，黑漆漆的棺材擦身而过。

其中一个秀才大感晦气，顿生愁绪，闷闷不乐，结果没有考好，名落孙山。

另一个秀才却暗自高兴，觉得是个好兆头——棺材棺材，有官有财。

考试的时候，这个秀才精神爽快，文思泉涌，果然金榜题名。

回来后，两个秀才都说自己的预感很灵验。前一个说："一碰上那秽物就知道不好了。"后一个则说："果然是有官有财了。"

同样一件事情，不同的心态结论就不一样。其实，大多数凡人的生活都差不多，但各自的感受却不一样。有的人乐观，整日里喜笑颜开，心满意足。有的人悲观，成天愁眉苦脸，怨声载道。英国剧作家萧伯纳曾经这样解释悲观主义者和乐观主义者：

假如桌上有半瓶酒，有人高喊："太好了，还有半瓶。"他看到的是半瓶酒，这个人便是乐观主义者。有人叹道："糟糕！只剩下一半了。"他看到的是半瓶空，这个人便是悲观主义者。

很多时候，悲观与乐观只是观察生活的角度不同，转换一下角度，会活得更轻松一些。

换个角度，会发现生活更多精彩。

天堂与地狱

有人曾向上帝请教有关天堂与地狱的事情。

上帝对他说："来吧！我让你看看什么是地狱。"于是，他们走进一个房间，看到一群人正围着一大锅肉汤，但每个人看上去都瘦骨嶙峋，满脸菜色。其实，这些人每个人都有一只可以够到锅子的汤勺，但汤勺的柄比他们的手臂还长，所以没法把汤送到自己的嘴里。有肉汤喝不到肚里，只能挨饿。

"来吧！我再让你看看什么是天堂。"上帝把这个人领到另一个房间。这里的一切和前一个房间没有什么不同，也是一锅汤、一群人、一样的长柄汤勺，但大家个个心宽体胖，正在快乐地歌唱着幸福。

这个人不解地问道："这是怎么回事？为什么地狱的人喝不到肉汤，而天堂的人能喝到肉汤呢？"上帝微笑着说："很简单，天堂中的每个人都会喂别人喝汤。"

其实人的价值包括两个方面：一是个人对社会的责任和贡献，二是社会对个人的尊重和满足。其中，个人对社会的责任和贡献更为重要，是人生的真正价值之所在。天堂之所以是天堂，是因为人们相互帮助，个人都以帮助他人为乐。地狱之所以是地狱，是因为人们只考虑自己，不曾想可以通过帮助他人使自己得到他人的帮助。天堂与地狱只有一步之遥，我为人人，就会人人为我，社会就会成为人间天堂。

关于天堂和地狱，还有一则这样的故事：

有个人历尽艰险，最后终于找到了天堂。他站在天堂门口，欣喜若狂地欢呼："我来到天堂了！"

天堂的守门人诧异地问他："这就是天堂？"这个人觉得很奇怪："你难道不知道这儿就是天堂？"

守门人茫然地摇摇头，又问道："你怎么知道这是天堂？"

"因为我从地狱来。"

"原来是这样啊！怪不得我不知天堂何在，因为我没去过地狱！"

按照辩证法，世事无绝对，矛盾总是普遍存在的。只有在比较中，才能区分开天堂与地狱，没有比较就没有鉴别。人们往往只看到自己的困难，不知道别人其实更困难，可谓是"身在福中不知福"。

第3则天堂与地狱的故事是有关日本临济宗白隐禅师（1685～1768年）的。一个日本武士不大相信天堂地狱之说。一天，他遇到白隐禅师，便上前问道："请问禅师，真有天堂和地狱吗？"

白隐问道："你是做什么的？"

"我是一名武士。"

"不知道哪位主人会雇佣你呢？你看上去就像个乞丐！"

武士听完大怒，两手紧紧地握住了剑柄，好像立刻就要发作了。

哪知白隐还要激将他说："你的武器太钝了，它砍不动我的脑袋。"

武士气得正要拔剑，白隐对他说："地狱之门由此打开。"

武士这才恍然大悟，连忙收起手中的剑向白隐行礼致歉。

白隐微笑着说："天堂之门由此敞开。"

照白隐的观点看来，天堂与地狱原来不在别处，就在每个人自己的心中。只有一心向善，宽宥他人，天堂才会降临。

水晶大教堂

1968 年春天，美国的舒乐博士决定在加利福尼亚州建造一座水晶大教堂。他向一位著名的设计师谈了自己的伟大构想，他想建造一座人间的伊甸园，而不是一座普通的教堂。设计师认真听完他的叙述后问："你有多少钱？"

"我现在 1 分钱也没有。"舒乐说，"所以，不管实现我的计划是 10 万，还是 1000 万，对我都没有什么区别。重要的是，我觉得我的设想有足够的吸引力，能够募集到足够的捐款。"

舒乐的教堂最终预算为 700 万美元，这个数字对他来说，简直是超出了想象。但是，他没有被吓住。在一张白纸上，舒乐写上"700 万"，然后又写下了几行字：

1. 寻找 1 笔 700 万美元的捐款；

2. 寻找 7 笔 100 万美元的捐款；

3. 寻找 14 笔 50 万美元的捐款；

4. 寻找 28 笔 25 万美元的捐款；

5. 寻找 70 笔 10 万美元的捐款；

6. 寻找 100 笔 7 万美元的捐款；

7. 寻找 140 笔 5 万美元的捐款；

8. 寻找 280 笔 25000 美元的捐款；

9. 寻找 700 笔 1 万美元的捐款；

10. 卖掉 10000 扇窗，每扇 700 美元。

第二天，舒乐开始四处诉说自己的计划，请求人们募捐。开始几天，舒乐一无所获，还被人当作骗子。但是，他毫不气馁。两个月以后，水晶大教堂的美妙模型打动了一位富豪，他捐给舒乐100万美元。第65天，一对农民夫妇听了舒乐的演讲后，捐出了1000美元。接下来，零星的捐款多了起来。到第3个月的时候，一位陌生人被舒乐的精神所感动，在生日的当天给他送来一张百万支票。8个月以后，有个人对舒乐说："如果你的诚意与努力能筹集到600万，剩下100万我来付。"第2年，舒乐请求美国人认购水晶大教堂的窗户，价格是每扇500美元，还接受分期付款。不到半年，差不多1万多扇窗户就被认购一空。

12年之后，1980年的9月，舒乐的梦想终于实现，能容纳1万多人的水晶大教堂竣工，成为世界建筑史上的奇迹与经典，也成为世界各地前往加州的人必须瞻仰的胜景。事实上，水晶大教堂最终的造价为2000万美元，全部是舒乐一点一滴筹集起来的。

所谓千里之行，始于足下，任何辉煌的业绩，都是一点一滴积累起来的。只要像舒乐一样不畏艰险，锲而不舍，一步一个脚印，就能实现梦想。拿出一张白纸，写下自己的梦想，再写下实现梦想的途径。最后，别忘了在自己的心中写下：坚持就会胜利！

休谟的最后一课

伟大的怀疑主义者休谟也是一位优秀的老师，他的学生个个学富五车。

休谟晚年的一天，意识到自己将不久于人世，对弟子们颇有些放心不下，就把学生召集起来上最后一课。

大家围着哲学家坐下来。哲学家问："现在我们坐在什么地方？"

"坐在旷野里。"

哲学家又问："旷野里长着什么？"

弟子们异口同声地说："杂草。"

"告诉我，你们怎样才能除掉这些杂草？"

弟子们有点愕然。他们都没有想到，一直在探讨人生和世界奥妙的哲学家，最后一课问的竟是这么简单的一个问题。

一个弟子首先开口，说："老师，只要有铲子就够了。"哲学家点点头。

另一个弟子接着说："用火烧也是很好的一种办法。"哲学家微笑了一下，示意下一位。

第3个弟子说："撒上石灰就会除掉所有的杂草。"

第4个弟子说："斩草除根，只要把根挖出来就行了。"

……

等弟子们都讲完了，哲学家站了起来，微笑着说："课就上到这里了，你们回去后，按照各自的方法清除一片杂草。一年后，再来相聚。"

转眼一年过去了，弟子们都来到去年上课的地方，不过原来相聚的地方已不再是杂草丛生，它变成了一片长满谷子的庄稼地。弟子们围着谷地坐下，等待哲学家的到来，可是哲学家已经去世了。

　　休谟给弟子们留下了一本书，书中有这么一段话："要想除掉旷野里的杂草，方法只有一种，那就是在上面种上庄稼。同样，要想让灵魂无纷扰，唯一的方法就是用美德去占据它。"

　　原来，休谟的最后一课是想告诉弟子们：无论学问多高，如果没有美德，知识毫无意义。

要想让灵魂无纷扰，只有用美德去占据它。

生死问答

在讲述亚里士多德哲学的开场白中，德国哲学家海德格尔（1889~1976年）这样介绍亚氏的生平："他出生，他工作，后来他死了。"海德格尔可谓言简意赅！如果这句话改为"他出生，后来他死了"，就可以用于介绍任何一个曾经来到这个世界的人，因为有的人一生不曾工作。生和死，对于每个人来说，都是不能逃脱的宿命。关于生死，古希腊哲人们曾经说过很多隽永的格言。

——有人在与阿那克萨哥拉讨论生老病死时，问他怎样去体会死亡的滋味，阿那克萨哥拉回答说："就像从寒冷里体会酷热，从苦涩里体会甘甜，从黑暗里体会光明。我从生的滋味里，体会死亡的滋味。"

——有人曾问阿那克萨哥拉，一个人的生命是应该来到这个世界，还是不应该来到这个世界？阿那克萨哥拉抬头仰望着夜空，笑着说："为了观赏美丽的苍穹，每一个人都应当选择降生。"

——雅典城的一些富翁死前总要建造一座富丽堂皇的坟墓，当有人就此向阿那克萨哥拉请教时，他回答说："他们的目的是使财产变成石头。"

——在法庭申辩时，苏格拉底曾说："没有人知道死后的情形，大家却怕死，仿佛确知死是最坏的境界。我本人绝不害怕和躲避好坏尚不知的境界过于明知是坏的境界。"在临死前，与学生讨论生死问题时，苏格拉底说，哲学就是学习死，学习处于死的状态；真正的哲学家一直在训练死，训练自己在活着时就保持死的状态，所以最不怕死，因为死无非是灵魂与肉体相互脱离，而哲学所追求的正是使灵魂超脱肉体。

——一个满脸愁苦的病人问安提丰："活着到底有什么意义？"安提丰说："我至今也没有弄清楚，所以我要活下去。"安提丰的回答让对方禁不住笑了起来。

——有人问第欧根尼："死是不是一件坏事?"第欧根尼回答说："当死出现的时候我们还不知道，它怎能是坏事呢?"

——伊壁鸠鲁对生死看得很轻松。他说："一般人有时逃避死亡，把它看成最大的灾难，有时却盼望死亡，以为这是摆脱人生灾难的休息。""一切恶中最可怕的——死亡，对于我们是无足轻重的，因为当我们存在时，死亡对于我们还没有来，而当死亡时，我们已经不存在了。""死与我们无干，因为凡是消散了的都没有感觉，而凡无感觉的就是与我们无干的。"

——有人问亚里士多德："你和平庸人有什么不同?""他们活着是为了吃饭，而我吃饭是为了活着。"哲学家回答说。

——有人问亚里士多德，受过教育的人与没有受过教育的人的差别在哪里。亚里士多德回答说："这就如同活着的人与死去的人之间的差别。"

死亡是不是一件坏事?

知识与科学

求知的欲望

有一个年轻人，非常想成为苏格拉底的学生。于是，他便风尘仆仆地找到苏格拉底，请求苏格拉底收他为徒。苏格拉底想了想，对他说："要想做我的学生，先跳到河里去。"年轻人心里很是纳闷，但又不敢问，只好立刻跳进河中。紧跟着苏格拉底也跳到河里，把年轻人的头使劲往水里按。没等搞明白怎么回事，年轻人已连灌了几口河水。然后，苏格拉底又猛地骑在年轻人的脖子上，继续不停地往下按，年轻人喝了好多水，再喝下去怕就没命了。这时，年轻人再也顾不得许多，猛地把苏格拉底掀下水，逃到岸上，气呼呼地问："你为什么这样做，难道想淹死我吗？"苏格拉底说："我收的学生应该是求知欲望非常强烈的人，而你直到现在，临死才对你未知的事情提出疑问。所以，我不能收你做学生。"

如果没有求知的欲望，是不能成为一个好学生的，更不可能成为一个优秀的学者或科学家。细究起来，求知的欲望可能有很多源头，世人最常见的动力是过上更好的物质生活。在上面故事中，苏格拉底指的是好奇心。在很多人看来，好奇心对于求知是必不可少的，甚至有人认为科学起源于好奇心。

求知还可以是为了获得心灵的自由，或者提高自身的素质。有一次，一个人送他的儿子跟阿里斯提波学习，阿里斯提波向他索要了很高的学费。那个父亲抱怨说："用这笔钱我都可以买一个奴隶了。""那么你就去买你的奴隶吧，"阿里斯提波说："你会拥有两个奴隶的。"阿里斯提波的意思是说，如果一个人不学习，虽然在身体上可能不是奴隶，但在心灵上却是个奴隶。心灵上的奴隶没有自己的主意，只能听信他人，人云亦云。

人们常常把知识比作火光，它能驱除心灵中的黑暗和阴影，给人以勇气和决心，让人走自己选择的路。

求知是为了获得心灵的自由？

苏格拉底"接生"

苏格拉底喜欢在热闹的雅典集市上和人讨论问题。他与人讨论问题的方式与众不同。首先，他自己装作什么都不懂，向别人请教，请别人发表意见。然后，他总是找出答案中存在的矛盾来反问对方。最后，别人只好承认自己也很无知。他说，这样做是为了引导人们发现自己观念中的问题，意识到自己思想的混乱，怀疑原有的知识，迫使别人积极思索，从而引出更为正确的答案。

这一天，苏格拉底像平常一样，来到市场上和欧谛德谟讨论"道德"问题。欧谛德谟是当时雅典著名的政治家和将领，被人们认为是道德高尚，赏罚分明的人。

"我想向您请教一个问题：什么是有道德的？"苏格拉底问道，"大家都说您是道德高尚的人。"

"愿意为您效劳。"欧谛德谟彬彬有礼地回答，"我不敢说自己道德高尚，但哪些是对的，哪些是错的，我分得非常清楚。"

"欺骗是道德的还是不道德的行为？"

"当然是不道德的行为啊。"

"一个将领在战争中偷走了敌人的财产，或者是欺诈敌军，这是不道德的吗？"

"当然是道德的，我说的是欺骗敌人是道德的，但欺骗朋友就不道德了。"

"好吧，那就来专门讨论朋友间的问题。假如一个将军所统帅的军队已经丧失了斗志，处于分崩离析之中，如果他告诉他的士兵，生力军即将来增援。他欺骗了战士们，使他们鼓起勇气，取得了胜利。这种欺骗行为如何理解呢？"

"那是战争中出于无奈才这样做的，日常生活中这样做是不道德的。"

"如果一个孩子有病，不肯吃药，他父亲欺骗他说药好吃，哄他吃了，他的病因此好了，这能算不道德吗？"

"这种欺骗也是道德的。"

"假定有人发现他的朋友发了疯，因怕朋友自杀，就偷了他的枪，这种偷盗是道德的吗？"

"非常道德。"

"你不是说不能欺骗朋友吗？欺骗可以是道德的，也可以是不道德的。究竟什么是道德啊？"

最后，欧谛德谟只好承认："道德问题我还需要仔细去想想再回答您，我收回所说的话。"

苏格拉底这种谈话方式被称为"产婆术"，又叫"精神助产术"，这是因为他的对话术迫使人们剔除错误的认识，最后"催生"出正确的结论，就像给别人的思想"接生"。

显然，苏格拉底这种对话方式最后总是让人很尴尬，但尴尬之后，人们总是会明白：原来自己很无知，还需要继续学习和思考。德尔斐神庙是雅典人的圣地，人们总是到那里为不能决定的事情请教神灵。据说，德尔斐神庙有神谕说："苏格拉底是最有智慧的人。"对此，苏格拉底说："我最有智慧，就是因为知道自己无知。"

在生活中，人们总是以为对自己熟悉的东西懂得很多。实际上，仔细去思考一下，其实我们懂的并不多。连苏格拉底都说自己无知，又何况我们呢？

大圆圈与小圆圈

芝诺是古希腊著名的智者，知识渊博。

一天，有个学生问他："尊敬的老师，您的知识多过我们何止千万倍，您解答问题总是令人信服，可是怎么您的疑问也多过我们千万倍啊？"

芝诺用手在桌上画了一大一小两个圆圈，对学生说："你看，大圆圈代表我掌握的知识，小圆圈代表你们掌握的知识。这两个圆圈外面，是我们都不知道的知识。的确，我的知识比你们要多。我的圆圈大，接触到无知的范围就比你们多；你们的圆圈小，接触到无知的范围就比我少。这就是我常常有疑问、常常怀疑自己的原因啊！"

越是有知识的人，越是觉得自己无知，就越是谦逊。相反，那些"半桶水"的人，总是觉得自己无所不知，像公鸡一样骄傲。芝诺告诉我们一个让人回味、值得时刻警醒的哲理：有知即无知。

苏格拉底也有类似的故事。

有一次，有人来到德尔斐神庙，问阿波罗神："谁是世上最有智慧的人？"神谕说是苏格拉底。从此，苏格拉底是世上最有智慧的人的说法就传开了。苏格拉底对此很不解，因为他常常觉得自己什么都不懂。于是，苏格拉底四处验证，访问了许多被称为"智者"的人，结果发现名气最大的智者恰恰是最愚蠢的。然后，他访问了许多诗人，发现诗人们不是凭借智慧，而是凭借灵感写作。接着，他又访问了许多能工巧匠，发现他们的手艺淹没了他们的智慧。最后，苏格拉底终于明白：阿波罗神之所以说他是最有智慧的，不过是因为他知道自己无知；别的人也同样是无知，但是他们却认识不到这一点，总以为自己很智慧。

换句话说，苏格拉底自知其无知，是最大的智慧，而不知道自己无知的人，才是最愚蠢的。

孔子说过："知之为知之，不知为不知，是知也。"老子说过："知不知，尚矣；不知知，病矣。"可见中国古代的先哲们对知与不知的理解，与古希腊先哲有异曲同工之妙。

在上去之前，我们永远不知道上面有什么。

布里丹的驴子

法国哲学家布里丹曾讲了个关于驴子的著名故事。

有一头驴，与众不同，喜欢思考，凡事总喜欢问个为什么。有一次，主人在它面前放了两堆体积、色泽都一样的干草，给它做午餐。这下可把它给难住了，因为这两堆干草没有任何差别，它没法选择先吃哪一堆，后吃哪一堆，最后，这头驴子面对两堆草料，饿死了。

这头驴子虽然饿死了，但从此在哲学史上"名垂千古"，被称为"布里丹的驴子"。这头驴子的错误究竟在哪里？按马克思主义哲学理论，它不明白实践是认识的基础，实践是检验真理的标准——好吃不好吃，吃一吃就知道了，光想是得不出结论的。毛泽东说："人的正确思想从哪里来的？是从天上掉下来的吗？不是。是自己头脑里固有的吗？不是。人的正确思想，只能是从社会实践中来，只能从社会的生产斗争、阶级斗争和科学实验这三项实践中来。"

认识来源于实践，抛开实践是得不到任何正确的知识的。明代哲学家王阳明就犯过这方面的错误。

有一天，王阳明在家里和一个朋友讨论如何悟彻天下万物，成为圣贤的道理。王阳明指着屋子前边的竹子，叫他的朋友去面对着竹子思索，认为有一天会忽然顿悟。于是，这个朋友就早晚坐在竹子前面，想悟彻其中的道理，可不到3天就病倒了。王阳明不死心，自己也到竹子面前静坐，到了第7天，他也病倒了，但是始终没悟出什么道理来。

最后，他俩都感叹圣贤确实是难以做到，认为自己没有能力去悟彻天下万物的道理。事实上，只有在实践中才能获得知识。要懂得竹子生长的道理，必须要通过种竹子、砍竹子、编竹子这些实践活动。坐在竹子前面苦思冥想，一辈子也不会懂得竹子生长的道理！

认识要返回到实践，不能运用于实践的知识是没有意义的。有一则讽刺哲学家的故事很生动地说明了这个道理：

在一条湍急的河中，一个船夫驾驶一只小船，船上坐着一位哲学家。

哲学家问船夫："你懂数学吗？"

"不懂。"船夫说。

"那你的生命价值失去1/3。"

"那你懂得哲学吗？"

"更不懂。"

哲学家感喟道："那你的生命价值失去了1/2！"

正当哲学家与船夫继续交谈时，一个巨浪把船打翻了，两人都掉到了河里。

这时，船夫问："你会游泳吗？"

"不会 ，不会！"哲学家大喊。

"那你就失去了全部的生命价值。"

哲学家虽然精通数学和哲学，可是在当时的处境中，这些东西完全用不上，所以只能听天由命了。实践是认识的最终目的，认识只有能反过来应用于实践，才是真正的、有意义的知识。所以，必须将书本知识与实践活动结合起来，善于把知识转化为实践能力。

休谟问题

在《人性论》中，哲学家休谟提出了两个问题。这两个问题涉及整个人类知识的基础，所以后人纷纷进行研究，但是至今仍然没有得到解决。

一个问题是有关人的认识的，常常被人们称为"归纳问题"。所谓归纳，就是从个别的例子中推断出一般的结论。举个典型的归纳推理来说：

王老汉病死了。

小张出车祸死了。

老钱得癌症死了。

玛丽的孩子一出生就死了。

我看到的人最后都死了。

所以，人都是要死的。

这个推理中，"王老汉"、"小张"、"老钱"、"玛丽的孩子"和"我看到的人"死了都是个别的例子，而"人都是要死的"是一般的结论。严格地说，这个推理是不符合严格的逻辑的。谁能保证，除了"王老汉"、"小张"、"老钱"、"玛丽的孩子"和"我看到的人"之外，是不是有人不死呢？就算现在的人都会死的，谁知道若干世纪以后人是不是不死的呢？实际上，"我看到的人最后都死了"这个命题是靠不住的，一个人只有亲眼看见世界上的人死光了，才有资格这么说。

休谟的第一个问题，动摇了经验知识的基础。人无法从以往的经验中得出任何准确的知识，甚至任何结论也得不出来。一个人去年有

知 识 与 科 学

一天没吃东西饿了，情人节没吃东西饿了，上周二没吃东西饿了，昨天没吃东西也饿了……但是，我们不能推断出这个人明天不吃东西会不会饿——这也的确不能从逻辑上得出结论。

休谟的另一个问题是关于"是"和"应当"的。人的一般结论有两种，一种是关于"什么是什么"的，比如说"人是要死的"；一种是"什么应当什么"的，比如说"人不应当杀人"。在现实生活中，尤其是在道德领域中，"是什么"和"应如何"往往是联系在一起的，比如说：抽烟是有害身体健康的，所以，不能抽烟。

但是，休谟发现"是什么"推导不出"应如何"，"抽烟是有害身体健康的"推导不出"不能抽烟"。实际上，上面两个推理完整的表达应该是这样：抽烟是有害身体健康的，人应该健康，所以，不能抽烟。可是，"人不应该做不对的事情"、"人应该健康"这两个"应当"还是不能得到证明。

休谟的第二个问题动摇了人类在行为领域的许多知识。即使几个个别的例子——A 杀人偿命了、B 杀人偿命了、C 杀人偿命了、D 杀人偿命了和 E 杀人偿命——得出了肯定的一般结论，杀人是要偿命的，也推导不出人不应该杀人！这样一来，所有的道德教条都是没有逻辑基础的，都是不能被证明的。

休谟问题至少说明了两个道理：除了数学知识以外，包括自然科学在内的经验知识在内，在逻辑上并不是完全没有破绽的，所以不能迷信知识；不能说不符合逻辑的结论就没有道理，就不是知识，所以不能迷信逻辑。实际上，没有知识和逻辑，人类一样可以生存下去。

死错了人

我们想问题、办事情要以客观实际为根本出发点。观念只有符合现实，才是正确的观念；主观知识只有符合客观事实，才是真正的知识。如果知识与事实不相符合，往往要检查是否是知识错误，而不是相反，否则就会闹笑话。

清朝方飞鸿的《广谈助》中记载了一则这样的笑话：

有一个人的岳母死了，下葬的时候需要一篇祭文，就找到村子里私塾的先生给写一篇。这个先生从文选中认认真真地抄了一篇，但没有注意抄的是一篇祭奠岳父的文章。

葬礼上，念着念着，有人发现这篇祭文完全弄错了，只好不念了。葬礼结束以后，这家人跑去责问先生。先生说："文选中的祭文都是刊定的，无论如何不会错的，只怕是你家死错了人吧。"

这个先生一切以本本为准，照抄照搬，完全不顾眼前的客观现实，最终闹出了大笑话，还振振有词："只怕是你家死错了人吧。"

《笑林广记》中也有一则类似的故事：

从前，有个楚国人，生活穷困潦倒。有一天，他读《淮南子》一书的时候，看到上面写着："如果能够找到螳螂捕蝉时用来隐藏自己的树叶，就可以隐身。"这个人信以为真，就找到一棵树，仔细查看树上的叶子。没过多久，他果然发现一只螳螂隐蔽在一片叶子后面等待捕蝉的机会。于是，他摘下这片叶子，高高兴兴地准备拿回去试验。不料一不小心，手里的树叶掉到地上，和树下的落叶混杂在一起。没办法，他只好把所有的叶子都拿回家。

回到家里，他便拿起一片叶子，遮着自己，问老婆，说："你看得见我吗？"老婆回答说："看得见。"于是，他就换了一片树叶再问他老婆。开始他老婆一直说"看得见"，结果这个人一片叶一片叶地问下去，问了大半天，他老婆也实在不耐烦了，就哄他说："这回看不见了。"楚人听了，也不说什么，心里非常欢喜。

这个楚国人拿着这片树叶来到街上，当着商贩的面，就拿别人的东西，当场就被人抓住，被绑送到县衙。县官接了这个案子，开始审问。楚人便按照实情，原原本本地讲了。县官听了，哈哈大笑，认为他是书呆子，没有判罪就释放了他。

书本知识是从实践中得来的，必须在实践中验证，客观实际才是最根本的。古语有云：尽信书，不如无书。像楚国人这样的教条主义，只是闹笑话，严重的教条主义可能祸国殃民。

尽信书，不如无书。

鱼之乐

"濠梁之辩"是《庄子·秋水》中记载的一则著名故事：

庄子与惠子游于濠梁之上。

庄子曰："儵鱼出游从容，是鱼之乐也。"

惠子曰："子非鱼，安知鱼之乐？"

庄子曰："子非我，安知我不知鱼之乐？"

惠子曰："我非子，固不知子矣；子固非鱼也，子之不知鱼之乐，全矣！"

庄子曰："请循其本。子曰'汝安知鱼乐'云者，既已知吾知之而问我。我知之濠上也。"

这段对话翻译成现代汉语就是：庄子和惠施在濠水的一座桥梁上散步。庄子看着水里的鱼说："鱼在水里悠然自得，这是鱼的快乐啊。"惠子说："你不是鱼，怎么知道鱼的快乐呢？"庄子说："你不是我，怎么知道我不知道鱼的快乐呢？"惠子说："我不是你，固然不知道你的快乐；你不是鱼，无疑也无法知道鱼是不是快乐。"庄子说："请回到我们开头的话题。你问'你怎么知道鱼快乐'这句话，这就表明你已经肯定了我知道鱼的快乐了。我是在濠水的桥上知道的啊。"

从逻辑学上看，这段对话说明了庄子是诡辩论者。人对客观事物的认识，并不是像镜子一样简单地映照，而是一种再创造，融合了个体的努力、情感和意愿。所以，对同一个事物，不同的人的认识是存在差异的。在濠梁之辩中，惠子感受不到鱼的快乐，而庄子感受到鱼的快乐，这是因为：惠施用的是逻辑认识方式，而庄子是直觉认识方式。

蜘蛛、蚂蚁和蜜蜂

英国哲学家弗朗西斯·培根（1561～1626年）不遗余力地为实验科学呐喊，提出了"知识就是力量"的著名格言，对科学方法论做出了巨大的贡献。

1561年，培根出生于伦敦一个官宦世家。父亲是伊丽莎白女王的掌玺大臣，母亲是一位颇有名气的才女。良好的家庭教育使培根少年聪慧，各方面都表现出超出常人的才智。12岁时，培根被送入剑桥大学三一学院学习。3年后，培根作为英国驻法大使的随员来到了法国，几乎走遍了整个法国，汲取了许多新的思想。1579年，培根的父亲突然病逝，培根的生活开始陷入贫困。

在回国奔父丧之后，培根进入葛莱法学院，一面攻读法律，一面四处谋求职位。1582年，他终于取得了律师资格，1584年当选为国会议员，但事业并不顺利。1603年，伊丽莎白女王去世，詹姆士一世继位，从此培根平步青云，扶摇直上，直至1617年升任为掌玺大臣。1618年被授封为维鲁兰男爵，1621年又被封为奥尔本斯子爵。

在从政之余，培根一直没有中断哲学研究，出版了很多著作。

在《新工具》一书中，培根对科学研究有一个著名的比喻：历来处理科学的人，不是实验家，就是教条主义者。实验家像蚂蚁，只会采集和使用；推论家像蜘蛛，只凭自己的材料来结网。而蜜蜂却是采取中道的，它在庭院里和田野里从花朵中采集材料，而用自己的能力加以变化和消化。哲学的真正任务就是这样，它既非完全或主要依靠心的能力，也非只把从自然历史和机械实验收来的材料原封不动、囫囵吞枣地累置于记忆当中，而是把它们变化过和消化过后放置在理解力之中。

这段话对科学研究和科学家进行了惟妙惟肖的刻画。蚂蚁（实验家）似乎只擅长于不断地搜索，东奔西走，一旦觅得自己的目标——例如白糖、米饭、肉类等东西以后，就开始不断地搬运，送入洞穴之中，作为今后的食物储备起来。与此不同，蜘蛛（推论家）似乎满足于躲在一个角落里，从自己的肚子中吐出银色的丝线，编成蛛网，自鸣得意。只有蜜蜂（科学家）将两者结合起来，既辛勤地飞到百花丛中，采集花粉，又注重加工处理，因而酿造出甜蜜无比的蜂蜜。科学研究就像蜜蜂采蜜一样，是经验材料和理论推理的结合，科学的真正任务既非完全或主要地依靠心的推理能力，也非只把从自然历史和机械实验收来的材料原封不动、囫囵吞枣地积累在记忆中，而是对它们进行理解、加工、提炼进而获得科学理论。简言之，科学是实验与理性融合的产品。

1621 年，培根被国会指控贪污受贿，被判处罚金 4 万镑，逐出宫廷，并监禁于伦敦塔内，终生不得出任任何官职。虽然后来罚金和监禁皆被免除，但培根因此而身败名裂。从此，他专心于理论研究。1626 年，培根正研究热学理论，他坐车经过伦敦北郊的一片雪地时，突然想做一个实验。他宰了一只鸡，把雪填进鸡肚中，以便观察冷冻在防腐上的作用，却因此而感染了风寒，不久培根就病逝了。

培根死后，人们为他修建了一座纪念碑，墓志铭上写着——

圣奥尔本斯子爵
如用更煊赫的头衔应称之为"科学之光"、"法律之舌"

第谷与开普勒

科学理论＝经验材料＋理性分析，讲到这一科学研究规律时，不能不提到第谷与其学生开普勒的故事。德国科学家开普勒发现了行星运动的三大定律，揭示了行星运动的秘密，因而被人们誉为"天空的立法者"。如果没有他的老师丹麦科学家第谷长期天文观察所取得的数据，开普勒是不可能取得如此巨大的成就的。

第谷擅长天文观测，他花了30年的时间，用各种天文测量仪器细致地观测行星运动的位置，积累了大量的材料。但是，第谷虽然在天文观测方面很出色，但不善于理论分析，没能从积累的大量经验数据中总结出行星运动的规律。第谷既不同意托勒密的"地心说"，也不赞成哥白尼的"日心说"，而是提出了一种折中的理论：行星绕着太阳旋转，太阳又绕着地球旋转。

1600年，开普勒成为第谷的助手和学生。与第谷相反，开普勒对科学观察不感兴趣，但十分擅长理论分析、抽象和概括。在成为第谷的助手后，开普勒充分利用第谷已有的观测资料，进行深入分析。他先对火星的数据进行计算，然后推而广之。最终，开普勒得出了行星运动的三大定律。

行星运动三大定律的发现，是第谷精确观察和开普勒深入分析有机结合所获得的成果。如果没有开普勒，第谷辛苦积累的观测材料也许就会成为一堆废纸。反过来，如果没有第谷积累的大量观测资料，开普勒也不会得出什么分析结果。

海王星的发现

预测是自然科学最重要的特征之一。从科学史看，准确的预测往往给理论带来巨大的威信。海王星的发现，就是牛顿力学科学性的最重要例证。

根据牛顿的万有引力定律，如果行星只受到太阳的吸引，运行轨道就应该是椭圆。但是，各个行星之间也存在万有引力，所以确定行星轨道还必须考虑相邻行星引力的影响。牛顿之后，人们根据其理论计算了土星和木星的轨道，但是，计算出来的天王星轨道与实际观测结果不一致：要么就是牛顿力学有问题，要么就是还有未知的行星尚未发现。

1845 年，英国剑桥大学 23 岁的学生亚当斯运用牛顿力学，经过 2 年的艰苦计算，提出了新行星存在的预言，并预测了新行星运行的位置。但是，亚当斯的研究没有引起英国科学家的注意。同年，法国教师勒维列也推算出同样的结果，并把结果寄给了柏林天文学家加耳。收到勒维列信的当晚，加耳就按照他计算的位置进行观测，果然发现了一颗新行星——海王星。海王星的发现震撼了整个世界，也再次证明了牛顿力学的正确性。

在英国，亚当斯立即公开了未发表的论文，人们发现他与勒维列的计算结果是一致的，并且是各自独立完成的。如果当时英国人早点注意到亚当斯的研究，发现海王星的荣誉就应该归英国。后来，英法两国为争夺海王星的发现权进行了长达 4 年的论战。

海王星发现之后，人们同样发现它的轨道与理论计算也不一致。于是，有些科学家就用亚当斯和勒维列的方法预言了另外一颗新行星的存在。1930 年，汤博观测到了这颗行星，即冥王星（2006 年 8 月 24 日，国际天文学联合大会通过决议：冥王星属于一颗矮行星）。

证实与证伪

自工业革命、电力革命以来，自然科学大发展，改变了整个世界的面貌。进入 20 世纪，自然科学更被人们看作是人类最完美的知识，出现了一股按照自然科学知识的标准来改造哲学和社会科学的思潮。在这样的背景下，作为哲学分支的科学哲学诞生了，它最核心的命题就是要对科学与非科学进行区分，将非科学的问题视为无意义的问题而剔除出去。

一开始，石里克、卡尔纳普等人提出了区分科学与非科学的经验证实原则，即只有能通过经验验证的命题才是有意义的，才是科学命题，否则就不是科学研究的范围。比如说，命题"重力加速度约为 9.8 米／秒^2"，可以通过精确测量来验证，所以是科学命题；相反，命题"上帝是永恒的"无法进行经验检验，所以是无意义的非科学命题。

后来，人们发现科学命题是不可能证实的。比如，要证实"重力加速度约为 9.8 米／秒^2"，从理论上说要对地球上所有地方的重力加速度进行测量；并且，即使对地球上任何一点的重力加速度都进行了测量，也不能保证今后重力加速度不会变化。所以，在实践上，这一命题是不可能被证实的。相反，要否定命题"重力加速度约为 9.8 米／秒^2"却是很容易的，只要测量到一个点的重力加速度不是 9.8 米／秒^{2}就可以——一个反例即可证伪命题。于是，波普尔提出了著名的经验证伪原则，即只有可能被证伪的命题才是科学命题。比如，命题"上帝是永恒的"，无法被肯定，所以是无意义的非科学命题。

再后来，拉卡托斯指出：要完全证伪命题也是不可能的。举个例子，我们来看下面的推理过程——

人都是要死的，苏格拉底是人，所以，苏格拉底会死。

假设苏格拉底被发现是常生不死的，那么是否证明了"人都是要死的"是错误的呢？没有。从逻辑学上说，错误的可能不是"人都是要死的"，而是"苏格拉底是人"——如果苏格拉底没有死，我们可以说，不是"人都是要死的"错了，而是因为苏格拉底不是人，是神。也就是说，一个推理是有辅助命题的，上面推理的辅助命题是"苏格拉底是人"，当结论被否证的时候，错误的可能不是待检验命题，而是辅助命题。

有人可能说上述分析是在诡辩。可是，在实际的科学史中，拉卡托斯发现许多例子支持了他的结论。比如，科学家很早就发觉火星的运行轨道不符合牛顿力学测算出来的轨道；从理论上说，一个反例即可证伪该命题，但实际上，科学家并没有否定牛顿力学，而是认为火星轨道异常是因为火星附近还有其他没有被观测到的天体干扰了它——这就是典型的认为错误在于辅助条件，而不是待检验命题。于是，科学家们开始努力寻找假设的干扰天体。起初，大家认为是望远镜倍数不够，就不断改进望远镜。后来，望远镜改进以后，没有找到干扰天体，又假设干扰的不是一颗大的行星，而是很多小行星。再后来，还是没有找到小行星，又假设干扰的是星云而不是小行星。直到今天，科学家们都没有找到假设的干扰天体。然而，在实际科学史中，牛顿力学并没有因为这个反例被驳倒。最后，直到爱因斯坦提出相对论以后，火星轨道异常才得到了解释。按照相对论，太阳发出的光线经过火星附近时，由于火星的吸引而发生了弯曲，才造成了科学家在地球上测量的火星轨道不符合牛顿力学这一情况。

从上述科学哲学对证实和证伪的讨论中，我们可以得出这样的结论："科学是什么"、"科学和非科学的区别是什么"是非常复杂的，不像大家想象的那么简单。实际上，虽然经过了几十年的发展，但科学哲学仍然没有把"科学是什么"这一问题彻底解决。

苯环的故事

影响科学研究进程的不仅是实验观察和逻辑推理，灵感、直觉等没有逻辑规律的非理性因素对于科学研究也非常重要。化学家凯库勒发现苯分子环状结构的故事，就常常被人们用来证明非理性因素对科学的作用。

1864 年冬，在比利时的根特大学任教的凯库勒正在研究苯分子的结构问题，但是进展缓慢，几乎陷入了困境。凯库勒测量出一个苯分子由 6 个 H（氢）原子和 6 个 C（碳）原子构成，C 原子是 −4 价，H 原子是 +1 价，也就是说，一个 C 原子应该与 4 个 H 原子结合，所以，6 个 C 原子应该与 24 个 H 原子结合。6 个 H 原子怎么与 6 个 C 原子结合？凯库勒百思不得其解。

一天晚上，凯库勒在书房火炉边思考苯分子的结构问题，不知不觉就进入了梦乡。在梦中，凯库勒看到 C 原子连成长链，像蛇一样盘绕卷曲，突然一条蛇咬住了自己的尾巴，并不停地旋转起来。凯库勒像触电一般惊醒，联想到苯分子的结构，提出了苯环结构的假说。

后来，在 1890 年的演讲中，凯库勒描绘了当时的情形：

我坐下来写我的教科书，但工作没有进展，我的思想开小差了。我把椅子转向炉火，打起了瞌睡。原子又在我眼前跳跃起来，这时较小的基团谦逊地退到后面。我的思想因这类幻觉的不断出现变得更加敏锐了，现在能分辨出多种形状的大结构，也能分辨出有时紧密地靠近在一起的长行分子，它们盘绕，旋转，像蛇一样运动着。看，有一条蛇咬住了自己的尾巴，这个形状虚幻地在我的眼前旋转着。像是电光一闪，我醒了……我花了这一夜的其余时间，做出了这个假想。

我们应该会做梦！……那么我们就可以发现真理，但不要在清醒的理智检验之前，就宣布我们的梦。

的确，光是做梦这样的非理性因素是不可能让凯库勒发现苯分子环的。如果不是白天苦苦思索苯分子的问题，恐怕凯库勒是不会梦到苯分子的。就算梦到苯分子环，如果不能用逻辑推理进行证明和检验，凯库勒也提不出新的理论。只有将非理性因素与逻辑推理等理性因素结合起来，才能推进科学的发展。

非理性因素　　　　　理性因素

科学

布鲁诺的故事

谈到坚持真理，为科学而献身，人们总是会想到布鲁诺。

意大利人乔尔丹诺·布鲁诺（1548～1600年）出生于意大利那不勒斯附近的诺拉镇。据说，他幼年丧失父母，家境贫寒，是神甫们将他抚养成人。15岁那年，布鲁诺成为多米尼修道院的修道士。

布鲁诺自幼好学，完全凭借顽强自学，成了当时著名的学者。布鲁诺不仅勤奋好学，而且敢于坚持真理，接触到哥白尼的《天体运行论》后，就抛弃了传统的托勒密的"地心说"，并四处宣传"日心说"。

当时，托勒密的学说被教会认定为正统，是基督教教义的一部分。布鲁诺信奉哥白尼学说，因而成为教会的叛逆，被指控为异教徒，并被革除了教籍。1576年，28岁的布鲁诺不得不逃出修道院，逃离了自己的祖国，开始了长期漂泊的生活。尽管如此，布鲁诺仍然矢志不渝地宣传"日心说"，到处做报告、写文章，还时常地出席一些大学的辩论会，用笔和舌毫无畏惧地颂扬哥白尼学说，无情地抨击官方经院哲学的陈腐教条。

对待哥白尼学说，布鲁诺也不是盲从，而是坚持独立思考，丰富和发展了"日心说"，提出了更接近现代科学的"多日心说"。在《论无限、宇宙及世界》中，布鲁诺提出了宇宙无限的思想，认为宇宙是统一的、物质的、无限的和永恒的。在太阳系之外，还有浩渺的天体世界，人类所能看到的只是无限宇宙中极为渺小的一部分，地球只不过是无限宇宙中一粒小小的尘埃。千千万万颗恒星都是如同太阳那样巨大而炽热的星体，它们以巨大的速度向四面八方疾驰不息，它们的周围也有许多像地球这样的行星，行星周围又有许多卫星。生命不仅在地球上有，还可能存在于那些人们看不到的遥远行星上。

布鲁诺的思想彻底否定了束缚人们思想达几千年之久的宗教说教，超出了同时代人的理解范围，被认为是"骇人听闻"，甚至连著名的天文学家开普勒也无法接受——开普勒说，在阅读布鲁诺的著作时，他感到一阵阵头晕目眩！

天主教会对布鲁诺更是恨之入骨，把他视为极端有害的"异端"和十恶不赦的敌人。1592 年，教会施展阴谋诡计，收买了布鲁诺的朋友，将他诱骗回国，逮捕了他，并对他进行了长达 8 年之久的审讯和折磨。

教会企图迫使布鲁诺当众悔悟，从而挽回托勒密理论的名声，因而许诺布鲁诺只要悔过就可以获得自由，但布鲁诺毫不畏惧地拒绝了教会的利诱。最后，天主教会凶相毕露，判处布鲁诺火刑。听完宣判，布鲁诺面不改色地说道："你们宣读判决时的恐惧心理，比我走向火堆还要大得多。"

1600 年 2 月 17 日，布鲁诺在罗马的百花广场英勇就义。

1619 年，罗马天主教会议决定将《天体运动论》列为禁书。但是，由于布鲁诺不遗余力的大力宣传，哥白尼学说已经传遍了整个欧洲。到了 17 世纪末，由于伽利略、牛顿等人的工作，欧洲的天文学家基本上都接受了"日心说"。1822 年，教会不得不下令解除对《天体运行论》的查禁。

苍蝇的飞行

在一次鸡尾酒会上，有人问数学家约翰·冯·诺伊曼一道数学题：两个人各骑一辆自行车，从相距32千米的两个地方，开始沿直线相向骑行。在他们出发的瞬间，一辆自行车车把上的苍蝇开始向另一辆自行车径直飞去。它一到达另一辆自行车车把，就立即转向，往回飞行。这只苍蝇如此往返，在两辆自行车的车把之间来回飞行，直到两辆自行车相遇为止。如果每辆自行车都以每小时16千米的等速前进，苍蝇以每小时24千米的等速飞行。那么，苍蝇总共飞行了多少公里？

按照一般的解题思路，先计算苍蝇第1次飞到另一辆自行车的路程，再计算返回的路程；然后再计算苍蝇第2次飞到另一辆自行车的路程，再计算返回的路程……依此类推。最后，把这些路程加起来，就得到了苍蝇飞行的总距离。如果学过高等数学就知道，像这样的问题，还可以用无穷级数求和的现成公式解决，但这比较复杂。

诺伊曼几乎没有思考就给出了答案，他用了一种最简单的、小学生都能理解的方式解决了问题——

每辆自行车运动的速度都是每小时16千米，所以1个小时后它们会相遇。在这1个小时中，苍蝇一直在往返飞行，并且速度是每小时24千米。所以，苍蝇总共飞行的距离 = 24千米／小时 ×1小时 = 24千米。

提问者之所以向大数学家提这个问题，就是估计诺伊曼会用无穷级数的方法求解。的确，在现实生活中，知识不等于智慧，一个人知识越多有可能反应越慢。这是因为知识其实是一种思维定式，是前人解决问题的现成思路，所以学得越多，受到的束缚就越多。上面这个故事中两种解题思路就生动地说明了这一点。当然，聪明的诺伊曼并没有被所学的知识所束缚。

有时候，知识还使得人的思维脱离常识，让一般人难以接受。有人问彼特勒克，书籍能带来什么后果？彼特勒克说："书籍使一些人获得知识，但也使一些人疯疯癫癫。"总之，知识并不是越多越好，当然也不是"越多越反动"。要学习知识，但又不能被知识所左右，透过知识掌握智慧才是真正的目的。

学习知识的目的是运用知识解决问题，而不是用它来束缚我们的手脚。

真理的歧路

《列子》中有一个"歧路亡羊"的故事：

春秋战国时，有个哲人杨子。一天，杨子的邻居走失了一只羊，于是请求大家帮忙去找。杨子说："就丢了一只羊，为什么要这么多人去找啊？"邻居说："岔路太多了，所以需要很多人。"

过了一阵，出去追羊的人陆续回来了，杨子问大家："羊找到了没有？"

"找不到啊。"大家摇摇头。

"为什么这么多人都没有找到？"

"岔路之中又有岔路，岔路太多，不知道羊到底跑到哪条路上去了。没办法，我们只好回来了"。

连续好几天，杨子都为羊的事情闷闷不乐，沉默不语。学生们觉得很不理解，便问他："老师，一只羊值不了几个钱，而且也不是您的羊，老师为什么还闷闷不乐啊？"

杨子没有回答他的疑问。倒是有一个学生了解老师的心思，替他回答说："老师心情不好，不是因为羊，而是因为老师想起了另外一件事情：在追求真理的道路上也有许多岔路，很多人误入歧途，浪费了终生。所以，老师很难过啊！"

虽然杨子未免有些多愁善感，但认识真理的确是一件非常艰难的事情。因为人的认识活动必须以感官经验为基础，首先获得感性认识，然后从感性认识中提炼出理性认识，最后还要将理性认识放到实践中检验并获得新的经验，再获得新的感性认识……如此不断往复前进，就逐渐逼近真理。

　　在这条实践——认识——实践的道路上，到处都是岔路，一不小心，就可能掉进谬误的陷阱之中。

实践—认识—实践是通向真理的唯一路径。

社会与历史

"起初……"

社会是由一个个人组成的,个体是社会的基石。作为社会中的一员,每个人都不是孤立的,而是相互联系的;每个人都不是社会的旁观者,而是社会的参与者;每个人都有权利享有社会的帮助,也有义务承担社会的责任。所以,不能仅仅只关心个人利益,还要抬起头来,看看别人的生活怎样。

有两段流传很广的格言,深刻地阐述了个人和社会、个人与他人唇齿相依的关系。其一是刻在美国波士顿犹太人被屠杀纪念碑上的铭文,据说是马丁·尼莫拉神甫的杰作:

起初他们追杀共产主义者,我不是共产主义者,我不说话;
接着他们追杀犹太人,我不是犹太人,我不说话;
后来他们追杀工会会员,我不是工会会员,我继续不说话;
再后来他们追杀天主教徒,我不是天主教徒,我还是不说话;
最后,他们奔我而来,再也没有人站出来为我说话了。

另一段是文艺复兴时期英国玄学诗人约翰·多恩的名言，被海明威引用在其名著《丧钟为谁而鸣》的扉页上：

任何时候钟声一响，谁不侧耳倾听？当钟声是送别他的一部分离开这世界，谁又能充耳不听？没有谁是个独立的岛屿；每个人都是大陆的一片土，整体的一部分。大海如把一个土块冲走，欧洲就小了一块，就像海峡缺了一块，就像你朋友或你自己的田庄缺了一块一样。每个人的死等于减去了我的一部分，因为我是包括在人类之中的，因此不必派人打听丧钟为谁而敲；它是为你我敲的。

苏格拉底之死

在整个西方历史中，有两个人的死对西方文明影响最为深远。一个是耶稣的死，耶稣用自己的鲜血来洗涤罪恶，乞求上帝宽恕人类的罪行。能和耶稣之死相提并论的是苏格拉底之死，苏格拉底坚持真理，尊重民主，宁愿为真理和民主殉葬，也不背叛自己的信念。

德尔斐神庙的神谕说："在所有活着的人中苏格拉底最有智慧。"这让苏格拉底受到很多人的嫉妒。苏格拉底又喜欢和人辩论，常常让许多权贵人物当众出丑，下不了台，而年轻人却喜欢聆听他的教诲。

公元前399年，阿尼图斯、吕孔和美勒托一起向法庭控告苏格拉底不敬神并腐蚀年轻人。其中，阿尼图斯代表工匠和民主政治家，吕孔代表修辞学家，美勒托代表诗人，所有这3个阶层的人都曾遭到苏格拉底讽刺。

在法庭上，苏格拉底慷慨陈词，为自己辩护，留下了著名的《申辩篇》。但是，陪审团最终以280：221的民主投票结果判处苏格拉底死刑，苏格拉底因此被投入监狱。后来，他的学生克利托买通了狱卒，安排好了一切，让苏格拉底越狱逃走。苏格拉底说，我崇尚民主，既然民主投票判了我死刑，我若逃走，岂不是违背了自己的信念，所以我绝不逃走。

当时，在死刑犯被处死前在监狱关押的一个月，雅典法庭允许犯人的亲友探监。有许多青年人天天去监狱探望苏格拉底。探监时，克利托问苏格拉底有什么遗言，他说："我别无他求，只有我平时对你们说过的那些话，请你们要牢记在心。你们务必保持节操，如果你们不按我说的那样去生活，那么不论你们现在对我许下多少诺言，也无法告慰我的亡灵。"

处死苏格拉底的时刻终于到来。苏格拉底把自己的妻子和女儿打发走，留下自己的学生谈论灵魂永生的问题。不久，狱卒走了进来，对苏格拉底说："你是最高尚的犯人，愿你少受些痛苦。别了，我的朋友。"说完泪流满面，离开了牢房。

当时的法庭以毒酒处死犯人。苏格拉底感谢了狱卒，然后转过头对克利托说："克利托，你过来，如果毒酒已准备好，就马上叫人去取来，否则请快点去调配。"

克利托回答说："据说，有的犯人听到要处决了，总千方百计拖延时间，为的是可以享受一顿丰盛的晚餐。请你别心急，还有时间呢！"

"你说得对，那些人这样做是无可非议的，因为在他们看来，延迟服毒酒就获得了某些东西。"苏格拉底说，"但是，对我来说，推迟服毒酒的时间并不能获得什么，相反，那样吝惜生命而获得一顿美餐的行为在我看来应当受到鄙视，去拿酒来吧。请尊重我的选择。"

不一会，毒酒送来了，苏格拉底镇定自若，面不改色，接过酒杯一饮而尽。在场的人无不为将失去这样一位导师而悲泣。苏格拉底见状说："你们怎么可以这样呢？我为了避免这种场面才打发走家里的人，常言道：临危不惧，视死如归。请大家坚强点！"

接着，苏格拉底踱了一会儿，说自己两腿发麻，便躺了下来。刽子手走过来摸了摸他的身体，觉得已经没有热气了。突然，苏格拉底又喃喃地说："克利托，你过来，我们曾经许诺向克雷皮乌斯祭献一只公鸡，请你不要忘了。"说完，这位伟大的哲学家合上了眼，安静地离开了人世。

70多年后，雅典反马其顿情绪高涨，又以"不敬神"的罪名指控苏格拉底的徒孙亚里士多德，因为亚里士多德曾经是马其顿国王亚历山大大帝的老师。这一次，亚里士多德说，不能让雅典再次犯下反对哲学的罪行，于是逃跑了。

　　千百年来，苏格拉底之死一直引起人们深深的思考，以此为题材的小说、专著以及艺术作品很多，包括他死前讲的最后一句话是什么意思也引发了许多争论。从民主的角度讲，雅典民主居然干涉苏格拉底作为公民的言论和信仰自由，以"不敬神"和腐化青年为由判处了苏格拉底死刑，正如政治哲学家托克维尔所言："（苏格拉底的死）在民主身上永远留下了一个污点。这乃是雅典的悲剧性罪行。"这说明了民主并不是绝对正确和完美的，在某些情况下，民主可能导致多数人对少数人的暴政，集体的狂热甚至可能犯下令人发指的罪行。

"理想国"

苏格拉底死于民主,他的学生柏拉图对民主恨之入骨,并写下了《理想国》勾勒他心目中理想国家的蓝图,鼓吹精英治国。

在柏拉图看来,人的灵魂是由理性、激情和欲望三个部分构成的,正直的人必须让理性统治灵魂,必须借助激情抑制欲望。国家就是放大了的个人,所以,国家也必须由三个阶层构成,即统治者、军人和人民,分别与理性、激情和欲望相对应。上天在创造统治者的时候,使用了黄金,创造军人使用的是白银,而创造农民和其他手工艺者用的是铜和铁,因此三个层级各有其位置。

统治者的德性是智慧,军人的德性是勇敢。这两个等级要培养这样的品质,就必须用体育来锻炼身体,用音乐与诗歌熏陶心灵。同时,为了培养集体主义精神,这两个等级要过军营式的生活,没有财产,没有家庭。人民的德性是节制,也就是说要从事物质生产,并无条件地服从统治者和军人的统治。

这个国家的最高统治者必须是哲学家,就是一般所讲的柏拉图的"哲学王"。他说:"除非哲学家做了王,或者是那些现今号称君主的人像真正的哲学家一样研究哲学,集权力和智慧于一身,让现在的那些只搞政治不研究哲学,或者只研究哲学不搞政治的庸才统统靠边站,否则,国家是永无宁日的,人类是永无宁日的。"什么人是哲学家?柏拉图认为,哲学家是能把握永恒不变的事物的人,哲学家憎假恶,爱真善,追求天然、文雅、中庸;"总而言之,哲学家就是那些天赋有良好记性,敏于理解,豁达大度温文尔雅,爱好和亲近真理、正义、勇敢和节制的人。"

哲学家也可以是女性，只要她具有和男性哲学家一样的品质。在这一点上，柏拉图给予了女性平等的地位，后人也因此称他为"第一位女权主义者"。

在理想国中，女人和儿童是公共财产，这些女人应该为这些男人公有，任何人都不能组成一夫一妻的小家庭。同样，儿童也都共有，父母不知道谁是自己的子女，子女不知道谁是自己的父母。最好的男人必须与最好的女人尽可能多地结合在一起，反之，最坏的与最好的要尽可能少结合在一起。最好者的下一代必须培养成为统治者，最坏者的下一代则不予养育。具体的男女结合，柏拉图建议用抽签方式予以解决。

柏拉图不仅设计了理想国的蓝图，还几次想将它在现实中付诸实施，但都以失败告终，其中一次他还被卖为奴隶，朋友们花了好多钱才把他赎回来。最终，柏拉图只得放弃了政治实践，把全部精力用于学园上。

理想国是一个公有制的社会，但并不是人人平等的理想社会。并且，柏拉图还给这种不平等扣上了"上天安排"的大帽子。实际上，柏拉图主张的不是别的什么，只不过是强者的利益罢了。哲学家梯利评价说，柏拉图是一个诗人、神秘主义者、哲学家和雄辩家，但他更是一个贵族，不仅品格高贵，才华出众，而且也很有看不起普通的、庸俗的东西的贵族气质。也许，正是柏拉图的贵族出身才让他戴上了偏见的有色眼镜，看不起普通的大众。

说话的权利

言论自由对于一个健康的社会来说，是必不可少的。只有允许公民自由思考，自由发表意见，正义才能被坚持，邪恶才能被鞭挞，问题才能被澄清，社会才能不被愚昧、暴政和阴谋所笼罩。法国启蒙思想家伏尔泰（1694～1778年）是历史上言论出版自由最著名的拥护者之一，他的格言"我不同意你的观点，但我要誓死捍卫你说话的权利。"传遍了整个文明世界，他的一生就是追求言论出版自由的典范。

1694年，伏尔泰出生于巴黎的一个中产阶级家庭，父亲是律师。他原名费朗索瓦兹·玛丽·阿鲁埃，伏尔泰是他的笔名。少年时期，伏尔泰就读于耶稣会创办的大路易学院，后来又攻读法律，但不久就放弃了。由于伏尔泰才思敏捷，嬉笑怒骂皆成文章，因而很快就闻名遐迩。后来因为伏尔泰写了一些政治文章，他被投入巴士底监狱，并度过了将近一年的铁窗生活。在监狱中，伏尔泰坚持创作，写成著名的史诗《昂里埃特》。1718年，伏尔泰被释放后不久，他的戏剧《俄狄浦斯》在巴黎上演，获得巨大成功。年仅二十几岁的伏尔泰就成了法国文学界的领军人物。

1762年，伏尔泰和贵族罗昂骑士之间发生了一场公开的论战，结果伏尔泰以智取胜，使对方无地自容。不久，罗昂唆使一群恶棍殴打伏尔泰，后来又把他投入巴士底监狱。伏尔泰被迫答应了离开法国，才被释放出狱。

伏尔泰来到了英国，生活了大约两年半的时间。在英国，伏尔泰学会了英文，通读了洛克、弗朗西斯·培根、牛顿和莎士比亚等人的著作，还结识了当时英国的主要思想家。莎士比亚的文学作品以及英国的科学与经验哲学，给伏尔泰留下了深刻的印象，尤其是英国的政治制度。当时，英国资产阶级革命已经成功，确立了君主立宪制，英国的民主和个人的自由与伏尔泰在法国所知的政治状况形成了鲜明的对照——没有哪一个英国贵族能发布一项密令把伏尔泰投入监狱，如果以某种非正当理由拘禁伏尔泰，那么一份人身保护令就可以使他立即获释。

回到法国后，伏尔泰写出了他的第一部主要哲学著作《哲学通信》，又被称为《论英人书简》。该书发表于 1734 年，它标志着法国启蒙运动的真正开始。在书中，伏尔泰对英国的政治制度以及约翰·洛克和其他英国思想家做了一番大体上赞许和褒奖的描述，引起了法国当局的愤怒，伏尔泰又被迫离开了巴黎。

在随后 15 年的大部分时光里，伏尔泰都是在法国东部度过的。1750 年，伏尔泰应普鲁士国王腓特烈私下邀请前往德国，在波茨坦腓特烈的王宫里度过了 3 年的时光。后来，伏尔泰因与腓特烈发生了口角离开了德国。

1753 年，伏尔泰来到瑞士日内瓦附近的一家庄园定居，在那里他可以免遭法国国王和普鲁士国王的迫害。但是他的自由见解甚至使他在瑞士的处境也有点危险，1758 年，伏尔泰只好移居到法瑞边境附近弗尔尼的一家庄园——如果当局找他的麻烦，他有两个国家可以逃跑。在弗尔尼，伏尔泰一住就是 20 年，在那里，他写出大量的文学和哲学著作，几乎与所有欧洲文化领袖通信和交流过。

在四处漂泊的生涯中，伏尔泰一直保持着旺盛的创作激情，是一位令人难以置信的多产作家，他的作品包括史诗、抒情诗、信件、随笔、长篇小说、短篇故事、戏剧，以及重要的历史和哲学著作。

伏尔泰不仅坚持思想、言论和出版自由，还坚持宗教信仰自由。年近古稀之时，法国发生几起骇人听闻的迫害新教徒事件，伏尔泰又写下了许多政治小册子，抨击宗教上不容异说的宗教狂热主义。在几乎每封亲笔信中，伏尔泰喜欢用"crasez l' inf me"作为结束语，意思是"消灭臭名昭著的东西"——宗教的偏执和狂热。

　　1778 年，83 岁高龄的伏尔泰返回巴黎，参加了他的新剧《和平女神》的首次公演。他的声望在整个欧洲几乎无人能及。1778 年 5 月 30 日，伏尔泰在巴黎逝世。由于对教会的抨击，教会不允许人们在巴黎为伏尔泰举行基督教葬礼。1791 年，法国大革命期间，人们将伏尔泰的遗体迁入巴黎伟人祠。

人人拥有话语权。

马寅初与马尔萨斯

庞大的人口数量是制约中国经济社会发展的因素之一。虽然计划生育政策已经实行了近 30 年，中国人口目前仍然以每年 800 万～1000 万的速度增长。专家预测中国人口总量的最高峰将出现在 2033 年前后，将达到 15 亿。

由于 8 年抗日战争和 3 年解放战争，加上连年自然灾害、土匪横行和国民党政府的残酷统治，中国人口大幅度减少，因此，新中国成立以后，政府鼓励生育，人口开始快速增长。1953 年，第一次人口普查时我国人口达到 6 亿，人口增殖率超过 20‰，这引起了经济学家马寅初的警觉。1957 年，马寅初提出了"新人口论"，主张控制人口数量，提高人口素质。马寅初对当时中国的人口发展状况作了分析，认为由于新中国部分解决了失业、灾荒、饥饿和瘟疫等一系列问题，人口死亡率大幅度地降了下来，出现了人口迅速增长的情况。马寅初还认为，人口增长过快与经济发展之间存在着一系列矛盾，主要包括：与加速资金积累之间的矛盾；与提高劳动生产率之间的矛盾；与提高人民生活之间的矛盾；与发展科学事业之间的矛盾。所以，"新人口论"提出了一些措施以控制人口数量。首先，要依靠普遍宣传，破除"早生贵子"、"不孝有三，无后为大"等封建残余思想。其次，修改《婚姻法》，实行晚婚，男子 25 岁，女子 23 岁结婚比较适当。第三，是实行经济措施，少生孩子的有奖，生 3 个孩子的征税，生 4 个孩子的征重税。

现在看来，马寅初的理论存在许多不足，但他提出的许多问题和措施基本是正确的。如果当时能引起重视，调整人口政策，恐怕今天不会造成如此沉重的人口负担。遗憾的是，马寅初及其"新人口论"不仅没有被重视，还被认定为"马尔萨斯主义"。

马尔萨斯（1766～1834 年）是英国经济学家，提出了著名的人口理论。1798 年，在《人口论》一书中，马尔萨斯提出，人和动植物一样听命于繁殖的本能冲动，将造成过度繁殖，人口增长总是会超过生活资料许可的范围。马尔萨斯断言，人口按照几何级数（1，2，4，8，16，…）增长，生活资料只能按算术级数（1，2，3，4，…）增长，人口增长速度注定要快于生活资料增长，这将使人民陷入贫困。因此，马尔萨斯理论认为：贫困是自然规律，而不是社会问题，只有控制人口才能解决贫困，而控制人口增长的方法主要是传染病、战争、饥荒、繁重的劳动，等等。

马尔萨斯的理论指出了人口增长与生活资料之间的密切关系，这与"新人口论"有类似之处，对引起人们对人口问题的重视有积极意义。但是，从哲学上看，人口生产不仅是纯生物学的自然过程，还是与社会历史条件相联系的社会过程。也就是说，人口并不是简单地按照自然级数增长的，而是与社会生产、个体生活、风俗习惯等许多因素相关，并且，社会力量也可以介入、干预人口生产。马尔萨斯的主要错误就在于把人口生产仅仅看成自然过程，而马寅初将人口生产的自然属性和社会属性结合起来考虑——这正是两人之间理论的差别。

乌托邦

今天，乌托邦这个词成了人们的常用词，用来指过于完美但不切实际的事物。这个词是英国哲学家托马斯·莫尔在《乌托邦》一书中杜撰出来的。虽然从诞生至今还不到 500 年的历史，可是乌托邦已经为全世界的人民所接受，这从某个侧面反映了人类对美好未来和正义社会的永久期待。

1478 年，莫尔生于英国伦敦一个法官家庭。1492 年，莫尔进入牛津大学攻读古典文学。在此期间，他学习了希腊文，阅读了大量哲学著作，柏拉图的著作对他产生了巨大影响。在牛津大学，莫尔结识了"文艺复兴之子"伊拉斯谟，并成了一位坚定的人文主义者。

后来，莫尔的父亲认为从事古典研究和创作没什么前途，便让他改学法学。莫尔学成以后，成了一名律师，由于精通法律，被大家称为"头等律师"。1504 年，26 岁的莫尔被选为下议院议员。同年，因为得罪了国王，莫尔辞去了公职。

1509 年，亨利八世继位，莫尔重返政界。1510 年，莫尔担任了伦敦司法长官。从此，莫尔仕途得意，直至 1529 年被任命为英国大法官，成为当时英国最显要的人物之一。

后来，莫尔在国务活动中坚持己见，亨利八世对他甚为不满。由于不赞成亨利八世与宫女安娜·宝琳的婚事，莫尔于 1532 年辞去了大法官职位。两年后，亨利八世迫使议院通过了"继承法案"和"至尊法案"，莫尔因拒绝承认这些法案而激怒了亨利八世，被关进伦敦塔。1535 年，莫尔以叛国的罪名被送上断头台。在断头台上，莫尔视死如归，他小心地把自己的大胡子挪开，并带着讽刺的语气轻声说道："这也要被砍掉，可惜啦，它可从来没有犯过叛国罪。"

莫尔于1516年出版的《乌托邦》是一本游记小说，以一名叫拉斐尔·希斯拉德的葡萄牙水手的口吻，批判了现实社会的诸多弊病，描述了不存在的乌托邦岛上的社会状况，表达了自己的政治社会理想。

主人公拉斐尔对统治阶级的专权残暴和厚颜无耻予以了辛辣的嘲讽，对广大群众的悲惨处境予以了深切的同情，揭示了当时英国社会的社会矛盾。

他集中攻击了当时正在进行的"圈地运动"，称之为"羊吃人"的灾难。拉斐尔说："你们的绵羊，曾经是那样容易满足，据说现在开始变得贪婪而凶蛮，甚至要将人吃掉。"他还认为，"除非彻底废除私有制，财富的平均分配才能公正，人类的生活才能真正幸福"。

拉斐尔所乘的船在海上遭遇风暴，漂流到一个不知名的乌托邦岛上。拉斐尔对乌托邦人的社会制度极为赞赏，仔细描述了乌托邦人的社会状况。

在经济方面，乌托邦实行财产公有，所有产品公共管理，按需分配，乌托邦人的生产、分配和消费都按计划调节。在乌托邦，人们免费享用公共食堂的饮食服务和公共医院的医疗服务。这里没有货币，不存在商品流通，人们把金银视如粪土。每个乌托邦人都要参加农业劳动，农业在整个经济结构中处于基础地位。除从事农业外，每个乌托邦人还要学习一门手艺，比如毛织、瓦工、冶炼等。

在政治方面，乌托邦实行民主制度。除奴隶之外，每个乌托邦人都有权参加选举，通过全岛大会和议事会选举官员，真正当家做主。那些试图通过操纵选举来获取官职的人，根本没有希望在乌托邦做官。乌托邦的奴隶来源于两个方面：一部分是在国内犯了重罪而被罚为奴隶的人；另一类是在国外犯罪而被判为死刑的犯人。乌托邦几乎没有法律，也不存在律师，由人们自理诉讼，法官也能够熟练地权衡各种供词，并做出恰当的判决。

在科学文化方面，乌托邦人注重全体人民的科学文化水平，鼓励学术研究。

在社会生活方面，乌托邦人平等、互助、融洽、友爱，整个乌托邦岛就像一个和谐的大家庭。

在宗教方面，乌托邦人采取宽容的态度，坚持信仰自由。

在对外关系方面，乌托邦人坚持和平友好，但在必要的时候也不会拒绝战争，甚至会去发动战争。

乌托邦是人类思想意识中最美好的社会，好像世外桃源。

谁是英雄？

人们总爱用"车轮"来比喻历史，比如，"历史的车轮滚滚向前"，"历史的车轮碾碎了一切敢于逆历史潮流而动的人"。那么，历史的车轮究竟是谁在推动？是人民群众，还是少数伟人？是人民群众创造了历史，还是英雄们创造了历史？对这个问题的回答，包含着两种相对的关于历史的理解，用哲学术语来说，就是两种不同的历史观。认为英雄创造了历史，伟人对社会生活和社会发展起决定作用的社会理论，通常被称为"英雄史观"。

在电影《英雄》中，残剑三年前曾经行刺秦始皇，但最终放弃了。无名去行刺前，残剑写下两个字劝阻他。这两个字秦始皇一猜即中——天下。于是，无名最终也扔下了行刺的剑。也就是说，为了天下老百姓，不能杀死秦始皇。

张艺谋甚至为秦始皇的出尔反尔也找到了堂而皇之的理由：秦始皇以"心中无剑"劝无名"不杀"，而无名丢下宝剑走出宫门时，众大臣则反过来劝秦始皇杀了无名：如果不杀，则破坏了秦始皇制定的律法，不利于一统天下。于是，秦始皇一挥手，万箭齐发，把无名射成了刺猬。

无疑，在张艺谋看来，秦始皇才是真正的英雄。只有秦始皇活着，六国才能统一，人民才能有安宁幸福的生活。只可惜这只是顺民的一厢情愿，真实的历史是：秦始皇并非爱民如子，而是残暴无比，人民也不是安宁幸福，而是水深火热，农民起义此起彼伏，秦王朝不过二世就崩溃了。在张艺谋看来，无名、残剑也是英雄，因为他们为了天下人的幸福，放弃了六国小团体的恩怨，似乎是深明大义。但是，从另一个角度看，在秦始皇暴政之前放下武器，放弃权利、放弃反抗，无名、残剑到底是天生的奴隶，还是顺应历史的大英雄？

从历史观的角度看，《英雄》反映的是典型的英雄史观。在思想史上，19世纪苏格兰历史学家托马斯·卡莱尔的《论英雄、英雄崇拜和历史上的英雄业绩》，是宣扬英雄史观最著名的作品之一。

卡莱尔通览了整个历史，把历史上的英雄分成了6种：第1种是神灵英雄；第2种是先知英雄；第3种是诗人英雄；第4种是教士英雄；第5种是文人英雄；第6种是君王英雄。

回顾了上述6种英雄的类型，卡莱尔提出了对历史的看法，阐明了英雄史观的基本主张：首先，历史为伟人所左右——"在世界历史的任何时代中，我们将会发现，伟人是他们那个时代不可缺少的救星，他们是火种；没有他们，柴火就不会自行燃烧。我早已说过，世界历史是伟人们的传记。"其次，人民应该服从英雄的统治——"由贵人、贤人和智者来统治"，"向天生的贵人和贤人屈膝"。"我认为对英雄崇拜的感情是人类生命的要素，是我们这个世界上人类历史的灵魂"。

帝国的灭亡

历史发展有没有不以人的意志为转移的规律？有两种相对的回答，一种是肯定的；另一种是否定的，这种观点认为历史充满了偶然性，没有任何客观规律可言。在西方广为流传着一首小诗句就生动地表达了这种观点——

丢失一个钉子，坏了一只蹄铁；

坏了一只蹄铁，折了一匹战马；

折了一匹战马，伤了一位骑士；

伤了一位骑士，输了一场战斗；

输了一场战斗，亡了一个帝国。

一颗钉子最终导致了一个帝国的灭亡，历史是多么偶然啊！很多人可能会认为这样的结论过于荒谬，但是，谁也不能完全否认历史有偶然的一面，其中，丰臣秀吉统一日本的进程就极具偶然性。

日本的战国时代，群雄并立，大名（即封建诸侯）不计其数，割据政权也不下百余个。其中，犹以京都附近的织田信长，关东地区的武田信玄、上杉谦信，江户地区的今川义元，还有偏远地区的毛利元就等势力最为强大。

一开始，织田信长本是尾张地区的小诸侯，与其相毗邻的今川氏和武田氏势力都远胜于他。虽然四周面临强敌，织田氏危如累卵，但是，尾张地区在京都附近，是兵家必争之地，织田信长幸运地掌握了这个地方，尽管危机四伏，但也充满了机遇。

　　首先进攻织田的是今川义元。今川义元是皇亲，素有进京护主的雄心，摆在他进京之路上的第一个障碍就是织田，所以，他们之间的一场激战不可避免。当时，今川的势力远远强于织田，两者相比，今川战织田本应如以石击卵一般轻松。然而，在桶狭间一战中，织田布置得当，以区区四千之众，击溃了拥众两万多的强敌，并斩杀了不可一世的今川。这大大出乎人们的意料！

　　消除了今川的威胁之后，织田乘胜征服了美浓国，势力渐渐变大。此时，织田附近的上杉和武田本不会任由织田坐大。可是，此时武田信玄与上杉谦信之间正打得不可开交（即著名的川中岛之战），这场战争持续了 12 年之久，最后以武田小胜结束。当武田腾出手来准备消灭织田的时候，织田的势力不仅空前扩张，而且在外交上找到了一个可靠的同盟——德川家康。当时，德川家康已取代了今川，成为江户地区的领主。即便是这样，武田信玄的势力仍然能置织田于死地。在三河之战中，武田大败织田的盟军，德川家康也奄奄待毙。可是，武田信玄在军中突然暴病身亡，从此武田氏再也无力回天了。

　　武田死后，能够阻止织田一统天下的力量就只有上杉谦信和毛利元就，而毛利地处偏远，关碍不大。上杉是战国第一名将，仍然有实力战胜织田，并且他的部队战胜了织田手下的勇将柴田胜家的军队。正当上杉准备挥师京都与织田一决雌雄之季，历史又一次偶然性地照顾了织田——上杉死了。

　　看来织田统一日本已成定局，但历史又一次开了一个玩笑——就在织田马上就要梦想成真的时候，他手下的明智光秀把他暗杀在了本能寺。

　　就这样，天下英雄都死得差不多了，命运之神将机遇降临在织田的属下丰臣秀吉手中，他统一了日本。但是，日本的统治权却落到了另一个并不显赫的人物——德川家康手中，日本历史进入了江户时代。

　　的确，历史中的偶然性无时不在、无处不在，日本的战国史让人真切地感受到了这一点。但是，历史的偶然性并不能否定历史的必然性，历史进程是必然和偶然的统一。一方面，社会历史规律是客观的、必然的。比如，三国演义开篇道：天下大事，分久必合，合久必分——这对于中国封建社会的历史，的确是一个规律。另一方面，社会历史规律不同于自然规律，因为创造历史的人不同于自然物体，是有理智、情感和意志的，所以历史过程中又存在着偶然性。

　　历史的必然性和偶然性是不可分割的，偶然的历史事件促成了历史的必然趋势，必然的历史规律在具体的情境中又表现为偶然事件。在日本战国史中，统一是历史的必然趋势，而如何统一就有偶然的因素包含其中了。

孟德斯鸠的"地理环境"

从思想根源上讲，"地理环境"实际上是一种地域歧视，是一种错误观念支配下的错误结论，即认为地域、地理、自然环境决定了人的本性，从而也就决定了社会生活状况和社会发展状况——这种观点在哲学上被称为"地理环境决定论"。

主张地理环境决定论最著名的代表要数 18 世纪法国哲学家孟德斯鸠。在其名著《论法的精神》中，孟德斯鸠系统地阐述了社会制度、国家法律、民族精神都取决于自然条件。孟德斯鸠认为，地理环境特别是气候、土壤和居住地域的大小，对于一个民族的性格、风俗、道德、精神面貌、法律性质和政治制度，有着决定性的影响。他写道：

> 土地跷薄能使人勤勉持重，坚忍耐劳，勇敢善战；土地不肯给予他们的东西，他们必须自己取得。土地膏腴则因安乐而示人怠惰，而且贪生畏死。我们曾经注意到，在日耳曼军队中，征自农民富裕之乡如萨克森等地的队伍，是不如其他队伍的。

他还认为，酷暑令人形神皆疲，失去勇气，在寒冷的地方有一种身体和精神上的力量使人能够做种种耐久、辛劳、巨大、勇毅的活动。这一点不仅见于不同的国家，而且也见于同一国家的不同部分。中国北方人比南方人民勇敢，朝鲜半岛南方的人民也不如北方的人民勇敢。因此，热带民族的怠惰几乎总是使他们成为奴隶，寒带民族的勇敢则使他们保持自由，这应当说毫不足为怪。这一点在美洲也是如此：墨西哥和秘鲁的那些专制国家是接近赤道的，而几乎一切自由的小民族都靠近两极。

到了 19 世纪，地理环境决定论成为社会学中重要的一个学派。德国社会学家拉采尔认为，地理因素特别是气候和空间位置，是造成人们体质、心理、意识和文化不同的直接原因，并决定着各个国家的社会组织、经济发展和历史命运。在拉采尔思想的影响下，19 世纪末 20 世纪初，德国产生了地理政治论学派。该学派鼓吹"优等民族"有权建立"世界新秩序"，应该为每个国家重新规定"生存空间"，从而为法西斯主义向外扩张和侵略提供了理论根据。

不能否认，地理环境对历史的发展有着重要的影响，是人类生存、历史发展的基础条件，历史不能超越自然环境。但是，地理环境绝不是唯一的、决定性的影响，除了地理环境，历史发展中人的因素才是最重要、最关键的。

弗罗多与索伦

2001 年以来，指环王三部曲《指环王：魔戒现身》、《指环王：双塔奇兵》与《指环王：国王归来》连续被搬上好莱坞银幕，并获得了巨大的成功，成了魔幻电影的经典之作。这 3 部电影改编自托尔金在 20 世纪五六十年代创作的著名魔幻小说《指环王三部曲》，几十年来，小说一直畅销不衰，极大地激发了广大读者的想象力。这部小说讲述了一个线索很简单的故事：善与恶的较量，神、人与魔的较量。

在传说的中土世界，数千年前，黑暗魔君索伦打造了 19 枚带有魔力并且能够使人堕落的戒指，他把其中的 3 枚送给了精灵王、7 枚送给了矮人贵族、9 枚送给了人类。此外，索伦又偷偷铸造了一枚权力无上的至尊魔戒，它可以让持有者隐身并且长生不老。最可怕的是，至尊魔戒具有奴役全世界的力量，正是它帮助索伦将整个中土世界笼罩在黑暗之中。

后来，中土世界的人民不堪重压，奋起反抗。由精灵、人类以及其他生物组成的联军同索伦的大军展开了殊死搏斗，最终将索伦赶回了他的老巢——末日山脉。索伦不甘心失败，率领他的军队与中土联军进行决战，重创了联军，人类皇帝伊兰代尔被索伦杀死，至尊魔戒的威力使中土人民再次面临着生死考验。关键时刻，伊兰代尔的儿子埃西铎捡起父王那把破损的纳西尔圣剑砍下了索伦戴着魔戒的手指，黑暗魔君顿时失去了力量，他的军队也随之土崩瓦解。

战争结束后，埃西铎得到了至尊魔戒。精灵王埃尔伦提议将魔戒送入末日山脉的烈焰中加以销毁，只有这样才能消除后患。但是，埃西铎对至尊魔戒喜爱有加，决定留下它并作为人类王国的传世之宝，结果被索伦的残余势力发现，埃西铎被杀，魔戒落入了安都因河，直到被戈伦姆发现。戈伦姆带着魔戒躲进了雾灵山脉的洞穴中，并受到魔戒的蛊惑，变成了长生不老、丑陋不堪的小怪物。

数百年后，霍比特人比尔伯外出时误入了戈伦姆的洞穴，并且意外地捡到了至尊魔戒，并把它带回家。比尔伯万万没有想到，得到魔戒的同时，他也把全体中土人民的命运掌握在了自己的手中。

黑暗魔君索伦阴魂不散，经过数千年的沉寂后，逐渐恢复了元气并且开始显形。当他知道魔戒还没有被销毁，而是落入霍比特人之手时，派出戒灵黑骑士前去抢夺。

比尔伯已经110岁了，由于魔戒的神奇力量，他仍和几十年前捡到魔戒时一样没有丝毫变化。但是，哈比族人与世无争的天性使他早已厌倦了纷纷扰扰的尘世，比尔伯希望能去安静的地方独自写完他的自传，于是决定在生日那天和族人告别。

比尔伯生日那天，哈比族守护使者灰袍巫师甘道夫也前来道贺。在生日宴会上，比尔伯借助魔戒的隐身力量当着村人的面消失了。比尔伯的把戏没有瞒过甘道夫，只好告诉他自己拥有一枚神奇的戒指，并在离开之后会把它留给侄儿弗罗多。

见多识广的甘道夫见到那枚魔戒后产生了一种不祥的预感，在查阅了大量历史资料后，终于认定那就是邪恶的至尊魔戒。他把自己的发现告诉了弗罗多，惊慌失措的弗罗多要把魔戒还给甘道夫，甘道夫说服弗罗多把魔戒先送到一个安全的地方。就这样，弗罗多和小伙伴山姆、皮平、梅利一起踏上了护送魔戒的征程。

在躲过了戒灵黑骑士的追杀后，弗罗多等人千辛万苦地来到约定的地方，但是没有找到甘道夫。此时，戒灵黑骑士又一次闻风而至，幸得健步侠阿拉贡相救才逃过一劫。阿拉贡原本是人类国王的后裔，因为看不到希望而隐居山林，他很清楚至尊魔戒的厉害，于是决定帮助弗罗多把魔戒送到利文德尔的精灵王国。

一路上，戒灵黑骑士尾随追杀他们，弗罗多不幸受了重伤，生命危在旦夕。就在这时，精灵公主及时赶到，单枪匹马地把弗罗多送到精灵国。精灵国王救活了弗罗多，甘道夫也见到了弗罗多。但是，国势衰败的精灵国无力保证至尊魔戒的安全，忧心忡忡的精灵国王埃尔伦决定请其他各国派人前来商讨对策。

各国代表都来到了精灵国，但是大家在这件事情上各执己见、争论不休，埃尔伦表示必须把至尊魔戒送到末日山脉的烈焰中彻底销毁，才能挽救中土人民。但是，没人愿意承担前往末日山脉的重任。最后，弗罗多主动提出由他去完成这个任务，3个小伙伴也都出来请战。各国代表深受感动，人类王国的博罗米尔、侏儒国的金利、精灵国的莱古拉斯，还有阿拉贡等都纷纷站出来要为弗罗多保驾，甘道夫也提出要护送弗罗多。于是，9名护戒使者开始了前往末日山脉销毁至尊魔戒的艰险历程。

索伦不会任凭护戒使者销毁魔戒，发誓不惜一切夺回魔戒。因此，围绕至尊魔戒，索伦的手下与护戒使者们展开了殊死搏斗。历经磨难之后，弗罗多终于带着至尊魔戒登上了末日山脉，将其销毁。

善与恶之间，善最终战胜恶是人们最喜爱的主题之一，指环王的故事就是这类题材的典型。从历史观上看，这类题材都包含着一种对历史的理解。

逻辑与方法

说谎者悖论

"说谎者悖论"是一个非常古老的悖论，是由公元前6世纪古希腊人伊壁孟德提出来的。据说，伊壁孟德是克里特岛上的一位传奇式人物，他幼年时在一个山洞里睡着了，57年后才醒来，待他醒来时却发现自己已经成了学者，熟谙哲学和医学。从此，他成为这个岛上的"先知"。他说过这样一句话："所有的克里特人都是撒谎者。"如果假定撒谎者总是说假话，不撒谎的人总是说真话，那么就会出现逻辑的矛盾。如果伊壁孟德说如果他说的是实话，那么克里特人都是撒谎者，而伊壁孟德是克里特人，他必然说了假话。如果他确实撒了谎，那么克里特人就都不是说谎的人，因而伊壁孟德也必然说了真话。他怎么会既撒谎，同时又说真话呢？这就是著名的"说谎者悖论"，它已经困扰人类数千年了。

古希腊人曾为"说谎者悖论"大伤脑筋。古希腊逻辑学家克吕西波专门为此写了6篇论文，但没有一篇能够解决问题。据说，希腊诗人菲勒特斯身体十分瘦弱，鞋中常带着铅以免被大风吹跑，他常常担心自己会因思索这个悖论而过早地丧命，后来果真为它送了命。在《圣经》中，圣·保罗也曾引述过这个悖论。

1947 年，两位科学家设计出用于解决逻辑问题的计算机，可以用来检验语句逻辑真伪。他们让这台机器评价"说谎者悖论"，于是输入了"这句话是错的"让计算机识别真伪，计算机便进入反复振荡状态，发狂般不断地打出对、错、对、错的结果，陷入了无休止的反复中。这就是后来讲的"计算机悖论"。

当代美国逻辑学家雷蒙德·斯穆里安讲过一个类似的故事：

1925 年 4 月 1 日，6 岁的斯穆里安生病在家。一大清早，大他 10 岁的哥哥埃米尔对他说："喂，弟弟，今天是愚人节。你向来没让人骗过，今天我可要骗骗你啦！"

斯穆里安严阵以待，可是整整等了一天，哥哥一直不动声色。直到深夜，斯穆里安还没有睡。妈妈问他为什么不睡觉，他说等哥哥来骗他。妈妈对埃米尔说："你就行行好，骗骗他吧！"

于是，哥哥问弟弟："这么说，你是盼我骗你吗？"

弟弟说："是啊。"

"可我没骗你吧？"

"没有啊。"

"而你是盼我骗的，对吗？"

"对啊。"

"这不得了，我已经把你给骗了！"

斯穆里安到底有没有受骗呢？如果他没有受骗，那么他就没有盼到他所盼的事，因此他就受了骗。哥哥正是这样认为的。如果他受了骗，那么他就明明盼到了他所盼的事，既然如此，又怎么谈得上他受了骗呢？说受骗了其实没受骗，说没受骗却说明他受骗了，到底他受骗了没有？斯穆里安的这个故事与说谎者有异曲同工之妙。

鳄鱼悖论

在古希腊哲学家中，还流传着一个著名的"鳄鱼悖论"：

从前，一条鳄鱼从母亲手中抢走了一个小孩。

鳄鱼对母亲说："你猜我会不会吃掉你的孩子？如果你答对了，我就把孩子不加伤害地还给你。"

这位可怜的母亲说："我猜你是要吃掉我的孩子的。"

于是，这条鳄鱼正准备吃掉孩子，可是突然发现自己碰到了难题。如果吃掉这个孩子，那这位母亲就猜对了，就应该把孩子还给她。可是，如果把孩子还给她，那她猜错了，就应该吃掉孩子。最后，这条鳄鱼懵了，只好把孩子交还给母亲。

事实上，无论鳄鱼怎么做，都必定与它说的相矛盾。它陷入了逻辑悖论之中，无法不违背它的承诺而从中摆脱出来。反之，如果这位母亲说："你将要把孩子交回给我。"那么，鳄鱼无论怎么做都是对的了。如果鳄鱼交回小孩，母亲就说对了，鳄鱼也遵守了诺言。如果鳄鱼吃掉小孩，母亲猜错了，鳄鱼就可以吃掉小孩而不违背承诺。

奥卡姆剃刀

1285 年，威廉出生在英国一个叫奥卡姆的小村庄，后世的人们都称他为奥卡姆的威廉或者威廉·奥卡姆。奥卡姆早年就读于牛津大学，成绩优异，完成了获得神学博士学位必需的所有课程，但由于在思想上与基督教正统教义相冲突，因而终身没能获得博士学位。后来，奥卡姆成了最重要的教士和神学家。由于他在辩论中的机智和敏捷，因而获得了"不可战胜的博士"的光荣称号。

1322 年左右，奥卡姆陆续发表了一些论文反对教皇专权，主张教权与王权分离，教会只应掌管宗教事务，关心"灵魂拯救"，不应干预世俗政权。于是，奥卡姆被教皇宣称为"异端"。1324 年，奥卡姆被恼羞成怒的教皇拘捕，关进了教皇监狱。次年底，教会组织了 6 个神学家专门研究了他的著作，结果有 51 篇被判为"异端邪说"。

1328 年，奥卡姆在一天深夜逃出了监狱。同年 6 月 6 日，罗马教皇革除了他的教籍，下令通缉捉拿。奥卡姆逃往了意大利比萨城，投靠了教皇的死敌——当时的德国皇帝路德维希。他对皇帝说："你用剑来保护我，我用笔来保护你。"从此，奥卡姆公开与罗马教廷断绝了关系，定居在慕尼黑。在德皇的庇护下，奥卡姆展开了对教会和阿奎那正统经院哲学的口诛笔伐，还写下了许多为王权辩护的文章。可是，20 年后，路德维希皇帝去世了，奥卡姆再次遭到教廷传讯。但是，教廷还来不及给奥卡姆定罪，一场黑死病就在整个欧洲蔓延开了，奥卡姆也没能幸免于难。

虽然奥卡姆著述颇丰，但是随着时间的推移，这些著作几乎都被人们慢慢遗忘了。可是，他的一句格言却历久弥新，至今仍享有盛誉。

这句格言很简单："如无必要，勿增实体。"它的意思是：如果不能得到确实的证据，不要提出不必要的概念；一个个实际存在的东西才是可靠的，空洞的概念往往是无用的累赘。奥卡姆的格言就是要把理论中多余的、不必要的术语和废话全部"剃掉"，所以被人们称为"奥卡姆剃刀"。这句话针对的是神学研究中烦琐、玄虚的风气而说的，当时的神学家们喜欢故作高深，生造概念，把问题搞得非常复杂。奥卡姆根据"奥卡姆剃刀"证明了许多结论，其中包括"通过思辨不能得出上帝存在"的结论，这是他被教会迫害的重要原因。

"奥卡姆剃刀"提出以后，受到了科学家们的广泛重视。几百年来，无数科学家用这把"剃刀"磨砺科学理论和科学思维，取得一个接一个的成果。

哥白尼之所以提出"日心说"，就是觉得当时占统治地位的托勒密"地心说"太过复杂。在托勒密的理论中，有80个天球围绕着地球旋转，既不和谐，也不美。哥白尼坚信上帝喜欢简单的事物，于是用"奥卡姆剃刀"剔除了多余的天球，并提出了"日心说"。地球自转，并围着太阳公转——这样一来，哥白尼的理论比传统"地心说"简单了许多。据说，这也是伽利略接受哥白尼"地心说"的重要原因之一。

对于奥卡姆的"剃刀"，牛顿是这样运用的："如果某一原因既真又足以解释自然事物的特性，我们就不应当接受比这更多的原因。"马赫把"奥卡姆剃刀"改造为"经济原理"："科学家应该使用最简单的手段达到他们的结论，并排除一切不能被认识到的事物。"在《时间简史》中，霍金说："最好是采用称为奥卡姆剃刀的原理，将理论中不能被观测到的所有特征都割除掉。"科学家们对简单性原则的重视甚至过了头，以至于爱因斯坦提出不能盲目运用"奥卡姆剃刀"："万事万物应该尽量简单，而不是更简单。"

"奥卡姆剃刀"不仅被运用到科学或理论工作中，而且被广泛地运用到社会生活的各个方面。有人主张在企业管理运用"奥卡姆剃刀"，采用简单管理，化繁为简。巴菲特甚至认为，"比尔·盖茨最聪明的地方不是他做了什么，而是他没有做什么。正是奥卡姆剃刀成就了今天的世界首富"。还有人把"奥卡姆剃刀"的简单性原则运用到文学创作中，主张句子要短小、精炼。也有人把"奥卡姆剃刀"运用到广告创意和广告语中，主张广告越简单越有效等。总之，"奥卡姆剃刀"蕴含的简单性原则虽然简单，但是非常有效。

因为简单，所以行之有效？

康德的梦

有一次，康德做了一个奇怪的梦。

在梦中，他独自划船漂到了南非一个荒芜的岛上，他在海上远远就看见那岛上有两根高耸入云的石柱，于是想凑近去看个究竟，谁知道刚一靠岸就被岛民给抓住了。没等开口，那些人的首领就告诉康德：如果说的是真话，就要被拉到真话神柱前处死，如果说的是假话，就要被拉到假话神柱前被处死。反正是死路一条了。

康德想了一想，说："我一定会被拉到假话神柱前被处死！"

如果康德说的是真话，他应该在真话神柱前被处死，可按照他的话又应该在假话神柱前处死。反之，如果康德德说的是假话，他应该在假话神柱前被处死，可按照他的话又应该在真话神柱前处死。于是，岛民们傻眼了。他们犹豫了很久，最后不得不把康德给放了。

岛民们要杀康德，完全还可以再立一根石柱，专门杀说悖谬话的人，或者说杀真假难定的话的人。实际上，在现实中，很多话很难简单地说它是真话还是假话。非真即假的思维方式是非常幼稚的。康德的梦至少说明了人类的理性并不是清晰明确的，在很多时候会陷入自相矛盾的陷阱。据说，康德醒来后受到启发，写出了《纯粹理性批判》中关于"人类理性二律悖反"的章节，指出了人类的理性并不可靠。

囚徒困境

在博弈论中，有一个经典的案例——囚徒困境，非常耐人寻味。

有两个坏人，一起做了违法的事情，结果被警察抓了起来，被分别关在两间不能互通消息的牢房中。在这种情形下，两人都可以选择与警察合作，背叛同伙，也都可以选择不与警察合作，拒不认罪。如果两个人都保持沉默，警方找不到证据，就无法给两人定罪。于是，警察告诉他们：如果告发同伙，就可以无罪释放，还可以得到一笔赏金，而同伙就要被重判，还要被罚款，作为对告发者的奖赏。

那么，在这种情况下，两个嫌疑犯会怎么做？从表面上看，他们应该相互合作，保持沉默，这样两个人都可以得到自由。但是，在实际中，两个人都会考虑对方会怎么选择。两个囚犯都是道德败坏的家伙，相互之间根本就没有什么信任可言。所以，囚犯会想：对方最可能选择告发自己，而获得自由和赏金；并且，对方也会这样来估计自己。在这种情形下，理性的囚犯们都会选择和警方合作。于是，结果总是两个囚犯都坐牢。

在现实生活中，由于情感和道德的原因，人做选择的时候并不完全出于理性。这时候，很多囚犯因为江湖义气之类的东西选择了拒不交代。也就是说，囚徒困境中囚犯的决定往往比纯粹理性的分析要复杂得多。但是，囚徒困境至少告诉我们，选择不是一个人的事情，而是与他人有关，对他人行为的预计往往对我们的决定有很大的影响。

罗素悖论

　　1874 年，德国数学家康托尔创立了集合论，并很快渗透到数学的大部分分支中，成为数学最重要的基础理论之一。1902 年，英国数学家、哲学家罗素提出了一个悖论对集合论进行质疑，这个悖论就是著名的"罗素悖论"。

　　康托尔给集合下的定义是：把一定的并且可以明确识别的东西（直观的对象或思维的对象）放在一起，叫作集合。罗素把集合分成两类：集合本身不是集合的元素的集合；集合本身是集合的一个元素的集合。那么，任何一个集合，不属于第一类集合，便属于第二类集合，二者必居其一。

　　接着，罗素进一步提问：把所有本身不是它的元素的那些集合汇总起来，组成一个集合 Q，那么 Q 属于哪一类集合呢？显然，可以看出 Q 不属于上述任何一类集合，因为：

　　（1）假若 Q 是第一类集合。按 Q 的定义，显然有 $Q \in Q$，但这又成了第二类集合。

　　（2）若 Q 是第二类集合，自然有 $Q \in Q$，但根据集合 Q 的定义，它的元素都是第一类集合，所以 Q 又成了第一类集合。

　　罗素悖论有一种通俗的版本，即广为流传的"理发师悖论"：

　　萨维尔村理发师挂出了一块招牌："村里所有不自己理发的男人都由我给他们理发，我也只给这些人理发。"于是有人问他："您的头发由谁理呢？"理发师顿时哑口无言。

　　如果他给自己理发，那么他就属于自己给自己理发的那类人。但是，招牌上说明他不给这类人理发，因此他不能自己理发。如果由另外一个人给他理发，他就是不给自己理发的人。但是，招牌上明明说"他要给所有不自己理发的男人理发"，因此，他应该自己理。由此可见，不管怎样推论，理发师所说的话总是自相矛盾的。

罗素悖论的出现，震动了当时的数学界。当时，有数学家写完集合论的著作正准备出版，得知罗素悖论后，只好推迟了出版计划，并伤心地说："一个科学家所遇到的最不合心意的事，莫过于是在他的工作即将结束时，其基础崩溃了。罗素先生的一封信正好把我置于这个境地。"此后，为了克服罗素悖论，数学家们做了大量研究工作，由此产生了大量新成果，也带来了数学观念的革命。

渡鸦悖论

现代科学的经验基础是实验，也就是说实验是检验科学理论的根本性标准。做几十次或者上百次实验，如果都证明一个结论是正确的，就可以初步认为这个结论是科学的。换句话说，自然科学是通过有限次数的实验来检验命题真伪的。比如说，对"乌鸦都是黑的"这个结论，只能找上若干个乌鸦来验证，不可能把所有的乌鸦都找来验证。退一步讲，就算把所有活着的乌鸦都找来验证，也不能把死了的和没有出生的乌鸦找来验证。

20世纪50年代，美国哲学家亨普尔提出了著名的"渡鸦悖论"，又叫"乌鸦悖论"，来攻击自然科学的这种检验情况。

从逻辑学上看，"乌鸦都是黑的"和"所有非黑的东西都非乌鸦"是相等的，就是说验证了一个就验证了另一个，否定了一个就否定了另一个。那么，按照自然科学的检验方式，就出现了下面的论证：

一只鞋是蓝色的，不是黑的，不是乌鸦；

一朵花是红色的，不是黑的，不是乌鸦；

一根烟囱是灰色的，不是黑的，不是乌鸦；

所以，所有非黑的东西都非乌鸦。

由于"乌鸦都是黑的"和"所有非黑的东西都非乌鸦"，所以乌鸦都是黑的。

实际上，相同的事实也可以证明"乌鸦都是白的"——

一只鞋是蓝色的，不是白的，不是乌鸦；

一朵花是红色的，不是白的，不是乌鸦；

一根烟囱是灰色的，不是白的，不是乌鸦；

所以，所有非白的东西都非乌鸦。

由于 "乌鸦都是白的"和"所有非白的东西都非乌鸦"，所以乌鸦都是白的。

显然，这样的证明是非常荒唐的——一只鞋子的颜色怎么能证明乌鸦都是黑的呢?!

实际上，渡鸦悖论并不是真正的悖论，而是自然科学检验方式导致的荒谬情形。渡鸦悖论不过是说：一个普遍性的结论不能仅仅通过一些个别的事实来证实。它说明了自然科学的结论即使在逻辑上也并不是像人们想象的那么严密。

情与爱

独身的理由

历史上的哲学家有许多都独身，他们独身的理由各不相同。据说，哲学之父泰勒斯也终身未娶。他父母曾经试图逼着他结婚，他回答说还太早了。过了几年以后，父母又催他结婚，泰勒斯说已经太迟了。

执政官梭伦曾到米利都去探望泰勒斯，问他为什么不娶妻生子。泰勒斯指使一个人假扮成从雅典来的客人骗梭伦说他儿子死了。梭伦听后，悲痛欲绝。这时，泰勒斯对梭伦说："像你这样一个意志坚强的人，都会为了失去儿子备受打击，这就是我不娶妻生子的缘故。你不要伤心，这消息是骗你的。"

独身就少了很多尘世的牵挂，泰勒斯或许因此有更多的精力和时间来从事哲学研究，因而成为一代哲人。但是，因为害怕失去而不敢拥有，因为害怕羁绊而逃避责任，泰勒斯未免有脆弱的嫌疑。

英国社会进化论哲学家斯宾塞也是终身未娶。有一次，他在路上遇到几个朋友，其中一个问他："你不为你的独身主义后悔吗？"斯宾塞愉快地回答道："人们应该满意自己所做出的决定。我为自己的决定

154

感到满意。我常常这样宽慰我自己：在这个世界上的某个地方有个女人，因为没有做我的妻子而获得了幸福。"斯宾塞独身的理由居然是为了有可能成为他妻子的女人能够幸福！

　　丹麦哲学家克尔凯戈尔一生几乎没有和女人有过亲密的接触。据说，他与女人唯一的一次肉体接触是年轻时在妓院酒后乱性。这次经历让他产生了深深的负罪感和恐惧。在《畏惧的概念》中，克尔凯戈尔认为，性行为是最大的罪恶，因为它与人的自然态联系最为强烈——做爱的时候，人最像个动物。因此，克尔凯戈尔选择了独身。

爱情可以用理性的天平来衡量吗？

麦穗和杉树

在古希腊，爱情是哲学家们重点思考的一个主题。当然，他们所指的爱情既包括异性之爱，也包括同性之爱，尤其指男人和年轻男孩之间的"男童之爱"。在这种爱情当中，年轻者从年长者身上学到智慧和经验，年长者从年轻者身上感受到青春和活力，他们都排斥肉欲，而讲求精神上的爱恋。

柏拉图认为这种精神恋爱可以净化人的灵魂，因为当心灵弃绝肉体而向往智慧的时候，这时的思想才是最好的，而当灵魂被肉体的罪恶所感染时，人们追求真理的愿望就不会得到满足。当人类没有对肉欲的强烈需求时，心境是平和的，肉欲是人性中兽性的表现，是每个生物体的本性。人之所以是所谓的高等动物，是因为人的本性中，人性强于兽性，精神交流是美好而具有道德的。正是因为柏拉图对精神恋爱推崇备至，后世人们常用"柏拉图恋爱"来指称这种恋爱。

关于什么是爱情，柏拉图曾经请教过老师苏格拉底。老师没有直接回答他，而是让他从麦田中穿过，不能回头，途中要摘一株最大、最漂亮的麦穗，并且只能选择一次。

柏拉图觉得这非常容易，想也不想就出发了，谁知过了老半天他还没有回来。最后，柏拉图两手空空地出现在苏格拉底面前。老师问他怎么没有选到麦穗。"我开始以为很容易，哪知道摘个麦穗这么难。"柏拉图垂头丧气地说："我看到一株不错的麦穗，想摘却不知道是不是最好的，因为只能摘一株，所以就只能放弃，继续往前走看看有没有更好的麦穗。于是，就这样一直犹豫，直到走出麦田，才发觉手上连

情　与　爱

一株麦穗都没有摘到。"

"这就是爱情。"苏格拉底说，"爱情总是很难选择的。"

有一天，柏拉图又问老师什么是婚姻，苏格拉底叫他到杉树林里走一次，也是不准回头，在途中要砍一棵最好、最漂亮的杉树，并且也是只能选择一次。

柏拉图有了上次的教训，心想这次一定不要落空了。过了很久，他步履蹒跚地拖着一棵杉树回来，显得非常疲惫。这颗杉树看起来还算挺拔和青翠，但美中不足的是有些稀疏。

苏格拉底问他："这就是你一路上看到最好的杉树吗？"

"不是的。"柏拉图承认，"看了一路，拿不定遇到的杉树是不是最好的。最后，我发现时间已经很晚了，体力也不够用了，好容易看见这棵树还不错，也不管是不是最好的，就拖回来了。"

"这就是婚姻，总是很无奈。"苏格拉底意味深长地说。

人们恋爱的时候，总是很挑剔，觉得自己的恋人不够完美，相信下一个恋人将比这个好。因为心中怀着这样的期待，年轻的恋人们总是很容易分手。于是，就这样挑剔地换了一个又一个，有一天发现自己年岁已经不小却还孑然一身。并且，经过多次的恋爱，对爱情已经开始有些不敏感了。这时候，由于孤单、年纪、父母和社会的压力，终于不得不选择了一个感觉还不错的恋人结婚。按照苏格拉底的说法，爱情总是难以选择，而婚姻往往很无奈。不知道是不是苏格拉底的回答很让柏拉图失望，反正他终生未娶，一辈子过着名副其实的单身贵族的生活。其实，人生就如穿越麦田和树林，一次也不能回头，要找到属于自己最好的伴侣，必须要有莫大的勇气和相当大的付出。

结婚与驯马

据说，苏格拉底长得比较丑，凸眼睛，狮子鼻。但是，他继承了石匠父亲的好手艺，又有许多跟他学哲学的学生教学费，所以比较富裕；并且，苏格拉底智慧出众，是许多人崇拜的偶像，按说他找个漂亮老婆并非难事。但是，他的妻子克珊西帕长得十分难看，而且心胸狭窄，喜欢唠叨不休，动辄破口大骂，常常使苏格拉底困窘不堪。在西方文化中，"苏格拉底的妻子"是悍妇、坏老婆的代名词。

有一次，苏格拉底正在和同学们讨论学术问题，相互争论的时候，他妻子气冲冲地跑进来，把他大骂了一顿，然后从外面提了一桶水，猛地泼到苏格拉底身上。在场的学生以为苏格拉底会忍不住的，没想到他摸了摸浑身湿透的衣服，风趣地说："我就知道，雷声过后，必有大雨。"

有个朋友实在看不惯克珊西帕的行为，劝苏格拉底离婚。苏格拉底说："不，我已经习惯了，就好像已经习惯了绞盘断断续续的咔哒声一样，而你也不会介意鹅嘎嘎地叫。"

"可是，鹅带给我鹅蛋和小鹅。"

"克珊西帕也是我孩子的母亲。"

"真不知道你为什么要娶这么个女人！"

"擅长马术的人总要挑选烈马来骑，骑惯了烈马，驾驭其他的马就不在话下。我如果能忍受这样的女人，恐怕天下就再没有难于相处的人了。"

有人说，苏格拉底就是为了在克珊西帕的唠叨声中净化自己的灵魂才娶她的。这样说似乎有些牵强。但是，苏格拉底对克珊西帕一直很忠诚，两人白头偕老。这不能不归功于苏格拉底的宽容，他不只看到克珊西帕的缺点，同时也看到她的优点。

实际上，什么人都有优点，也都有缺点。如果对配偶太过挑剔，不能容忍对方的缺点，婚姻就难以维持下去。只有宽容地对待自己的爱人，才会有美满的婚姻。苏格拉底和克珊西帕的婚姻告诉我们：婚姻的秘诀在于宽容。

宽容

年轻人，你为什么悲伤？

有恋爱就有失恋。失恋是一件非常痛苦的事情，但在苏格拉底看来却并非如此。苏格拉底与某个失恋者有一段很有哲理的对话：

——年轻人，你为什么悲伤？

——我失恋了。

——哦，这很正常。如果失恋了没有悲伤，恋爱大概也就没有味道。可是，年轻人，我怎么发现你对失恋的投入甚至比恋爱还要倾心呢？

——到手的葡萄给丢了，这份遗憾，这份失落，您非个中人，怎知其中的酸楚啊？

——丢了就丢了，何不继续向前走去，鲜美的葡萄还有很多。

——踩上她一脚如何？我得不到的别人也别想得到。

——可这只能使你离她更远，而你本来是想与她更接近的。

——您说我该怎么办？我可真的很爱她。

——真的很爱？那你当然希望你所爱的人幸福。

——那是自然。

——如果她认为离开你是一种幸福呢？

——不会的！她曾经跟我说，只有跟我在一起的时候她才感到幸福！

——那是曾经，是过去，可她现在并不这么认为。

——这就是说她一直在骗我？

——不，她一直对你很忠诚。当她爱你的时候，她和你在一起，现在她不爱你，她就离去了，世界上再没有比这更大的忠诚了。如果她不再爱你，却还装得对你很有情谊，甚至跟你结婚、生子，那才是真正的欺骗呢。

——可我为她所投入的感情不是白白浪费了吗？谁来补偿我？

——不，你的感情从来没有浪费，因为在你付出感情的同时，她也对你付出了感情，在你给她快乐的时候，她也给了你快乐。

——可是这多不公平啊！

——的确不公平，我是说你对所爱的那个人不公平。本来，爱她是你的权利，但爱不爱你则是她的权利，而你却想在自己行使权利的时候剥夺别人行使权利的自由，这是何等不公平！

——可是您得看明白，现在痛苦的是我而不是她，是我在为她痛苦！

——为她而痛苦？她的日子可能过得很好，不如说你为自己而痛苦吧。

——依您的说法，这一切倒成了我的错？

——是的，从一开始你就犯了错。如果你能给她带来幸福，她是不会从你的生活中离开的，要知道，没有人会逃避幸福。不过，时间会抚平你心灵的创伤。

——但愿有这一天，可我的第一步该从哪里做起呢？

——去感谢那个抛弃你的人，为她祝福。

——为什么？

——因为她给了你寻找幸福的新机会。

爱情的咏叹

美国哲学家桑塔亚以冷峻目光看待爱情。他告诫人们说："爱情的9/10是由爱人者自己造成的，1/10才靠那被爱的对象。"的确，很多人坠入爱河，往往是由于自己的原因，而不是对方多么能吸引自己。

德国哲学家叔本华反对结婚，认为婚姻制度是大自然给人设下的陷阱。他有一句格言："结婚意味着战争和要求。"他写道："我们看到一对情人焦灼的目光相通，为什么那样神秘、那样胆怯、那样隐隐藏藏？那是因为情人都是叛徒，他们使那些本来会结束的人类的全部欲望和苦难延续下去。"叔本华认为，一个有理智的男人不可能去做与女性恋爱这样的事。

可是，叔本华是一个言行不一的人。他曾经疯狂地爱过一个女人，她叫卡诺苔叶格曼，是当时皇家宫廷戏院最有名的女伶，她长得娇小白皙，曾经是魏玛公爵的情妇。叔本华认识她的时候，公爵已经去世。据说，叔本华还曾有过一个私生子，但他拒不承认自己是孩子的父亲。不过，他的确没有结过婚。

在叔本华看来，爱情是骗人的东西，由爱情而结婚的人，必定在悲哀中生活。所以，婚姻是爱情的磨损和消耗，婚姻是爱情的坟墓，它使爱情归于幻灭。婚姻实际上只是为了种族的永存不绝，而不是为了个人的快乐。他认为，只有哲学家能在婚姻中得到幸福，然而，哲学家是不结婚的。这是一个没法解决的悖论。

德国哲学家尼采也认为，"爱情之法就是战争，基础就是两性之间不共戴天的仇恨。"男女之间只有争斗和误解，因为"同样的激情在两

情　与　爱

性身上有共同的节奏，所以男人和女人不断地发生误会"。

对婚姻，尼采更是鄙夷："唉，那只是一对灵魂的贫乏罢了！唉，那只是一对灵魂的污秽罢了！唉，那只是双重可怜的自满罢了！"他还说："你们的结婚终结了许多短促的疯狂，而代以一个长期的愚蠢。"

法国人天性浪漫，喜欢琢磨爱情。法国思想家布吕耶尔（1645～1696 年）在其《品格论》中对爱情多有议论：

> 女人在恋爱时比男人更投入，但是男人更容易交朋友。
> 女人因为男人而相互厌恶。
> 时间加深友谊，冲淡爱情。
> 相对爱与厌来说，爱与恨之间的距离更短。
> 人能决定永远相爱，也能决定根本不爱，不存在孰难孰易的问题。
> 一个轻浮的女人是不知道自己爱还是不爱的女人，不知道爱什么或者爱谁的女人。

法国哲学家帕斯卡热情歌颂爱情："以爱情开始而以理想结束的一生是幸福的。""我们生来心中就带有爱的本性，人不能没有爱而生活。"有意思的是，帕斯卡却一直独身，和女人的接触很少。

他认为，爱情无需技巧，无法教也无法学。爱情没有年龄，它总在诞生中。爱情是个孩子，一个单独的个体是不完满的，他需要寻找第二者。爱情是暴君，要其他激情都服从它。"如果一个男人心灵中有什么地方是温柔的，这个时候他是处在爱情中的。"每个人的爱情各不相同，有的持久、温柔，有的迅速、激烈。爱情激起一种崇敬，人们崇敬他所爱的人。爱情使人忘记他的处境和亲朋好友、兄弟姐妹，除了他的所爱，觉得自己不再需要其他什么东西，而不这样，就不是真正的爱情。

帕斯卡还说，不敢说出来的单相思有其痛苦，也有其欢乐。他说："尽管痛苦这样接踵而至，人们仍然抱着少受痛苦的希望企盼着他的爱人来临。然而，当他看到她时，他相信遭受的痛苦比以前更大。过去了的痛苦不再刺激人，现在的痛苦是触到了的，而且人们是对接触到的痛苦作判断。在这种情况下的恋人难道不值得同情吗？"

法国人拉罗什富科（1613～1680年）是浪子，也是个情种，为了情人隆格维尔公爵夫人不惜背叛国王。他在信中写道："为了博得她的心，为了让她高兴，我已经同国王开战，就是同上帝开战也在所不惜。"可惜最后他和隆格维尔还是闹翻了。

在《箴言集》中，拉罗什富科有很多爱情格言：

给爱情下定义是困难的……在灵魂中，爱是一种占支配地位的激情；在精神中，它是一种相互的理解；在身体方面，它只是对躲在重重神秘之后的我们能爱的一种隐秘的羡慕和优雅的占有。

在爱情之中，我们常常怀疑我们最相信的东西。

爱情就像火，必须要持续向前；一旦停止希望或恐惧，爱情就不再存在。

我们因为爱情而有雄心壮志，但却很少由雄心回归到爱情。

已经享有伟大爱情的人们，觉得自己一生都幸福，失去它的时候又觉得自己会一生都不幸。

情人们对谈论对方从不厌倦，原因在于：他们其实是在谈论自己。

爱情的快乐在于爱。我们自己的激情，比我们爱人对我们的激情给予我们更多的幸福。

女人们在没有爱情的时候，常常幻想自己坠入爱河。她们天生渴望被爱，她们不愿意拒绝，所有这些，使她们想象自己处于恋爱之中，而实际上仅仅是在卖弄风情。

情　　与　　爱

爱情最伟大的奇迹就是改变一个卖弄风情的人。

多数女人从软弱中比从激情中收获更多，因为有胆识的男人比温存的男人更容易征服她们。

年轻却不美丽，或者美丽但不年轻，都是毫无用处的。

初恋时，女人爱她们的情人；在初恋之后，她们爱爱情。

在爱情的暮年，就像在人生的晚年一样，我们为快乐生活了多年以后，继续为痛苦而生活着。

在爱情与友谊中，不了解事实比了解事实更能给我们带来幸福。

绝大多数女人很少被友谊感动，是因为对于那些体验到爱情滋味的人来说，友谊便是平淡无奇的。

恋爱中的男人只有在他从如醉如痴的恋爱的梦中醒来时，才会看到对方的缺点。